# 翻身

张晨 编著

中华工商联合出版社

图书在版编目（CIP）数据

翻身 / 张晨编著 . -- 北京：中华工商联合出版社，2024. 12. -- ISBN 978-7-5158-4155-7

Ⅰ . B848.4-49

中国国家版本馆 CIP 数据核字第 2024Y9M133 号

## 翻身

| 作　　者： | 张　晨 |
|---|---|
| 出 品 人： | 刘　刚 |
| 责任编辑： | 吴建新　关山美 |
| 装帧设计： | 臻　晨 |
| 责任审读： | 付德华 |
| 责任印制： | 陈德松 |
| 出版发行： | 中华工商联合出版社有限责任公司 |
| 印　　刷： | 山东博雅彩印有限公司 |
| 版　　次： | 2024 年 12 月第 1 版 |
| 印　　次： | 2025 年 1 月第 1 次印刷 |
| 开　　本： | 710mm×1000mm　1/16 |
| 字　　数： | 99 千字 |
| 印　　张： | 10 |
| 书　　号： | ISBN 978-7-5158-4155-7 |
| 定　　价： | 59.80 元 |

服务热线：010-58301130-0（前台）
销售热线：010-58302977（网店部）
　　　　　010-58302166（门店部）
　　　　　010-58302837（馆配部、新媒体部）
　　　　　010-58302813（团购部）
地址邮编：北京市西城区西环广场 A 座
　　　　　19-20 层，100044
http://www.chgslcbs.cn
投稿热线：010-58302907（总编室）
投稿邮箱：1621239583@qq.com

工商联版图书
版权所有　盗版必究

凡本社图书出现印装质量问题，
请与印务部联系。

联系电话：010-58302915

# 前 言

在人生的舞台上，我们常常看到一些人光芒万丈、成就非凡，而另一些人却在平凡中挣扎，始终无法突破自我。成功人士与普通人之间，仿佛隔着一道难以跨越的鸿沟。然而，当我们深入探究时会发现，这道鸿沟的本质，往往在于认知的差距。

成功人士之所以能够站在人生的巅峰，并非仅仅凭借运气或天赋。他们往往拥有着超越常人的认知水平；他们能够敏锐地洞察时代的趋势，把握机遇；他们对自我有着清晰的认识，知道自己的优势和不足，从而能够精准地定位自己的人生方向；他们看待问题的角度更加全面和深刻，能够在复杂的局势中做出明智的决策。而普通人往往局限于眼前的利益和困境，缺乏长远的眼光和战略思维。他们可能在日复一日的忙碌中迷失了自我，对未来感到迷茫和无助。某种程度上来说，认知决定了人生的高度和广度。

认知的重要性不言而喻。认知决定了我们的思维方式和行为模式。高认知的人能够以积极乐观的心态面对挑战，从失败中汲取教训，不断成长和进步。而低认知的人则容易陷入消极的情绪中，抱怨命运的不公，缺乏改变现状的勇气和动力。

认知不仅是区分成功与平凡的关键，更是个人成长与发展的基石。对于

## 翻身

普通人来说，要想实现人生逆袭，必须提高自己的认知。因为只有通过认知的提升，我们才能打破现有的局限，开启人生的无限可能。

同时，我们也要明白，成功是多样性的，无论是在事业上取得辉煌成就，还是拥有幸福美满家庭的家庭，都同样令人羡慕和向往。但无论获得哪种成功，都离不开良好的认知。

为了帮助大家快速提高认知、拥有成功人士的思维，从而实现自己的精彩人生，我们特别编写了这本书。本书用大众化的语言，阐述了成功人士所拥有的底层思维，剖析了普通人之所以平凡的本质，并给出了如何提高自己认知的方法。读者可以通过本书，快速缩短与高手之间的差距，实现破局重生。

# 目 录

## 第一章 破壁，让认知与高手同步

崭新的 50 元也不如破旧的 100 元招人喜欢 /1

只要结果，没有功劳的苦劳难以赢得认可 /3

借势，好风送我上青云 /5

打破黑白界限，多角度观察深层本质 /7

成全别人，就是在成全自己 /9

战略制胜，不在意一城一池之得失 /11

如果不是领头羊，就不做从众的小绵羊 /13

## 第二章 祛魅，走出头脑的思维误区

误区一：错误，就是失败 /16

误区二：赌徒谬误，独立事件轻信关联 /18

误区三：红灯思维，拒绝接受新观点 /20

误区四：达克效应，越是无知越是自信 /23

误区五：行动偏误，毫无用处也要行动 /25

误区六：沉没成本，投入的无底洞 /27

误区七：学历无用，只要能力强就够了 /29

## 第三章　克己，清除鞋中的小沙粒

娱乐至上，刷"小视频"到深夜 /32

邋里邋遢，个人形象不值一文 /34

足不出户，"宅"能毁掉一生 /36

拖拖拉拉，大好光阴只能虚度 /38

拒绝学习，机会来临也无法抓住 /40

失去梦想，永远失去翻身的机会 /42

整日"春秋大梦"，天上不会掉馅饼 /44

## 第四章　吸引，让更多的人为己所用

永远保持成功状态 /47

化解别人对自己的嫉妒之心 /49

让陌生人信服你的三大方法 /51

改变他人想法的六大妙方 /54

五个让人喜欢你的秘诀 /56

不要轻易露出自己的底牌 /58

不要好为人师，没人喜欢听大道理 /60

## 第五章　人脉，能人相助更快一步

人脉，人们只需要这六类人 /63

认识谁不重要，重要的是被认可 /66

人脉广泛的人，都具有八大素养 /68

清醒点，你没有人脉的五大原因 /71

价值，人脉的核心 /73

搭建人脉，讲利益不如讲共情 /75

四步法构建优质人脉圈 /77

## 第六章 变富，拜财神不如高财商

驾驭财富，不要成为金钱的奴隶 /79

变富一定要养成的三大习惯 /82

会理财，只是高财商的初级 /84

价值最大化，是花钱的唯一原则 /86

明白四个道理，避免投资风险 /88

资产配置三大误区，千万不要踩到 /90

"离钱最近"，赚钱才能最快 /93

## 第七章 人性，应对措施要因人而异

对手是弱者，请施以尊重 /95

对手是强者，要懂得露怯 /97

与小人打交道，切忌翻脸 /100

对爱占便宜者，以利切入 /102

两招搞定不服自己之人 /104

牢记三大铁律，做到无人敢惹 /106

## 第八章 进化，缩小与高手的差距

及时止损，不为打翻的牛奶哭泣 /108

模仿，比摸石头过河更有效 /110

小成本试错，快速迭代方法论 /112

让"副业"成为财富第二增长曲线 /114

把不起眼的工作做出特色 /117

寻找真"风口"，会让你飞得更高 /119

抵制低效，熬时间没有任何意义 /121

## 第九章 断情，破除一切情绪困扰

远离"情绪黑洞"，别被他人的坏情绪污染 /124

不要太合群，融不进的圈子不要硬融 /126

断舍离，不再添加被删除的人 /129

不要为与己无关之人操心 /131

摆脱"吞钩现象"，困境中学会自救 /133

情绪处理三部曲：What,Why,How /135

提升共情能力，人类的悲喜并不相通 /137

## 第十章 折腾，逆风翻盘的唯一路径

只有一万元，你会做什么 /140

经验，也是折腾出来的 /142

成功人士，都是爱折腾的人 /144

不想躺平，就要折腾 /146

负债，折腾是你唯一的出路 /148

折腾，财富增长的加速器 /150

# 第一章
# 破壁，让认知与高手同步

## 崭新的50元也不如破旧的100元招人喜欢

如果有两张纸币，一张是崭新的50元，一张是破旧的100元，让你只选择一张的话，你会选择哪个呢？

毫无疑问，你一定会选择100元的那张。为什么呢？因为100元的价值大于50元的价值；在真正的价值面前，任何美丽的外表都不值得一提。

不过，这个显而易见的道理，在人们的现实生活中却常常被忽略。

曹操是三国时期著名的政治家和军事家，他爱惜人才，写下了"青青子衿，悠悠我心"的诗句，表达对人才的渴望。他也善用人才，比如任用郭嘉为谋士，奠定了魏国的基础。他不计前嫌，敢于重用降将，比如任命张辽镇守合肥，击败了孙权十万大军。但是，即便这样一个知人善任的枭雄，也有"看走眼"的时候。

在三国英雄辈出的时代，张松并不是一个显眼的人物，他早年曾任益州

◐ 翻身

牧刘璋的别驾。他在刘璋身边多年，深知此人胸无大志，只知吃喝玩乐，根本不适合在乱世中掌管益州。张松也叹息自己生不逢时，不能被刘璋重用，于是就想为益州寻找新主人，自己再努力辅佐。

张松认为曹操是当世的明君，于是就带着益州的地图来到曹营，想把地图献给曹操，请他进军益州。但是，张松个头矮小、相貌丑陋，而且为人不拘小节，在面见曹操时表现得不够尊敬。曹操感到极为厌恶，于是礼貌性地问候了两句，还没等张松透露真实来意，便将其赶出府外。

张松受到侮辱，心中感到十分愤懑，在回益州的路上恰好遇到刘备。刘备对他的态度与曹操截然相反，如同上宾一样接待了他。这让张松大为感动。酒席上，张松滔滔不绝地把益州的地理、物产等重要情报资料一一向刘备做了介绍，还把那张地图献上。

可以说，张松所献地图为刘备日后取西川，提供了便利，而张松更是刘备夺取西川的关键所在。

曹操如此识人，却还是只看到了张松的表象而没有看到其真正的价值，由此也失去了占据益州，甚至是统一天下的大好时机。

不仅在识人方面，真正的高手总是能够拨开眼前的表象，而去探寻事物的价值所在，并将价值作为唯一的筹码。

例如，在商业中，无论交易方式如何纷繁复杂，无论对方开出的条件如何苛刻，高手总是恪守"商业的本质就是价值交换"的原则。在交易之前，人们先要估量一下自己的价值，然后再将其摆在桌面上，然后说："这是我的筹码，能换你的×××吗？"就这样简单，一场交易就完成了，双方都得到了自己想得到的东西，双方都是赢家。

反过来，如果人们发现自己没有可供交换的价值，那么人们即便用再有效的谈判技巧，用再受用的谈判策略，恐怕也无济于事。

赚钱也是一样的道理。赚钱实际上也是用自己的价值去"换"钱。当总是说自己赚不到钱时，不妨反观一下自己，自己能够提供的价值到底是什么？这些价值在市场中"值"多少钱？然后把自己最高的价值拿出来摆到市场上，去换取相应的金钱。而有些人之所以赚不到钱，就是因为不懂价值交换，不知道要把自己的价值放在对方的面前。

## 只要结果，没有功劳的苦劳难以赢得认可

"努力到无能为力，拼搏到感动自己。"这句话虽饱含激情，但在现实社会中，单纯的努力和付出并不总能换来应有的回报。

人们也常常听到"我没有功劳，也有苦劳"，但苦劳虽值得同情，却不一定能赢得认可和赞赏。因为，在衡量任何事情的价值时，结果往往是最重要的标尺。没有结果，一切努力都可能化为乌有，甚至可能因为投入了过多的精力和资源而得不偿失。

作为有独立思考能力的成年人，人们应该明白"以结果为导向"的重要性。这样的思维方式能使人们在前行的道路上走得更加稳健、高效，也更有可能创造出最大的价值。

在一个遥远的村庄里，住着两位农夫，王大哥和李大哥。他们都是种苹果的好手，但工作方式却截然不同。王大哥勤奋无比，每天起早贪黑地照料苹果树，然而收获时却总发现结果与付出不成正比。

相比之下，李大哥看似轻松，但他总是在关键时刻出现，确保苹果树的生长和果实的品质。到了收获季节，李大哥的苹果总是又大又甜，产量

◉ 翻身

稳定。

王大哥不解地向李大哥请教，李大哥笑道："你确实很努力，但努力并不总能带来最好的结果。我种苹果时，总是先想清楚我想要的结果，然后制订工作计划，确保每一步都是为了达到这个结果。"

王大哥这才恍然大悟，原来自己一直在盲目地努力，总是想着要努力工作，但从来没有想过"我要种出什么样的苹果"。

从此以后，王大哥开始改变思维方式，先设定明确的目标，再思考如何达到。他发现，"结果导向"的认知方式不仅提升了苹果的产量和质量，还使他在工作中更加高效和有序。

有些人只关注过程而不注重结果，或者没有明确的目标就盲目行动。这样的努力往往难以带来理想的效果。结果导向认知是一种高效的认知方式，它善于发现并分析问题，制定出合理正确的计划，并全力执行。

那么，如何培养结果导向思维呢？

首先，以达到目标为原则，不为困难所阻挠。在面对任务和挑战时，人们要始终明确自己的目标，并坚定不移地朝着它前进。无论遇到多大的困难和阻碍，都不能轻易放弃，而是要寻找解决问题的方法，不断前行。

其次，以完成结果为标准，没有理由和借口。在结果导向的思维模式下，人们关注的是最终的结果，而不是过程中的种种困难和挫折。因此，人们要以完成结果为唯一标准，不找任何理由和借口来为自己的失败开脱。

再者，在结果导向面前，不能轻易放弃，因为放弃就意味着投降。当人们遇到困难和挑战时，要坚持下去，不断尝试，直到达到目标为止。放弃只会让人们的努力付诸东流，无法实现真正的价值。

最后，不要有思想障碍，说"我做不到"。这种消极的思想只会束缚人们的手脚，让人们无法充分发挥自己的潜力。人们要相信自己，相信通过努力和坚持，一定能够实现自己的目标。

一个人习惯了以结果为工作导向，面对困难的工作时，他首先想到的是结果还没出来，绝不能自我放弃。他会努力追求结果，拼命攻关。对他来说，先决定攻关是第一步，等待结果只是第二步。这样做往往会获得成功，也能有效减少个人的思维困惑。

## 借势，好风送我上青云

在浩瀚的历史长河中，那些能够留下深刻印记的伟大人物，无不展现出一种共同的智慧——借"势"而行。正如古希腊大学者阿基米德所言："给我一个支点，我能撬动地球。"这不仅是对物理原理的深刻揭示，更是对借"势"重要性的生动比喻。

南朝梁代文人刘勰的故事，便是对这一智慧的生动诠释。刘勰出身寒微，但是他酷爱读书。在他所生活的那个时代，弘扬儒家学术最好的办法就是注释儒家经典，但刘勰觉得自己在这方面的造诣无法超越先贤，于是转向另外一个领域发展，那就是写论文。经过五年多的潜心钻研，他完成了巨著《文心雕龙》。

《文心雕龙》虽然写得很好，但由于刘勰地位低下，在那个时代，如果没有名人加以评点，作品是很难得到社会认可的。关键时刻，刘勰展现出了非凡的勇气和智慧，他大胆求助于当时的文学巨匠沈约。沈约当时做了大官，一般人很难见到他。于是，刘勰背着书稿等候在沈约府前，待沈约出门时到车前求见，并把自己的书送给沈约看。

## 翻身

沈约读完之后，充分肯定了刘勰的文才，还经常把这本书放在自己的几案之上。最终凭借沈约的赏识和推荐，《文心雕龙》广为人知，刘勰也因此声名鹊起。

荀子在《劝学》中说道："假舆马者，非利足也，而致千里；假舟楫者，非能水也，而绝江河。君子生非异也，善假于物也。"这句话深刻揭示了借"势"的智慧：那些能够借"势"的人，并非天生就拥有超凡的能力，但他们却能够凭借智慧和勇气，达到常人难以企及的高度。在当今社会，竞争日益激烈，人们更应当学会"善假于物"，借助各种外部资源来提升自己的竞争力，从而在激烈的竞争中脱颖而出。

那么，对于个人而言，又有哪些"势"可以借呢？

首先是贵人之"势"。在人生的征途中，我们时常会遇到一些具有非凡影响力和资源的人，他们就是我们生命中的贵人。这些贵人可能拥有我们所需的知识、经验、人脉或是机会，他们的提携与帮助，往往能让我们事半功倍，更快地实现自己的目标。

其次是行业趋势之"势"。随着科技的飞速发展，各行各业都在经历着前所未有的变革。人工智能、大数据、云计算等新兴技术的兴起，为相关行业带来了前所未有的发展机遇。作为时代的弄潮儿，我们应当密切关注行业动态，把握行业发展趋势，及时投身到具有发展潜力的行业中。这样，我们才能借助行业的大势来实现个人的发展。

再次是政策扶持之"势"。国家政策对于某些行业或领域的发展往往会给予大力扶持，如新能源、环保、高科技等产业。这些政策不仅为相关行业提供了资金、税收等方面的优惠，还为行业的发展创造了良好的外部环境。因此，我们应当关注国家政策的导向，选择与国家发展方向相符的领域进行深耕。

最后是技术革新之"势"。科技的进步不断推动着社会的变革和发展，新的工具和技术层出不穷。这些新技术不仅提高了人们的工作效率，还为创新提供了强大的支撑。

当然，借"势"而行并不意味着盲目跟风或者随波逐流。我们需要在借"势"的同时，保持清醒的头脑，在新时代中找到自己的位置，摆正心态，去把握事物的规律和趋势，在借"势"的过程中不断成长和进步，成为真正的时代弄潮儿。

## 打破黑白界限，多角度观察深层本质

非黑即白的认知方式在人们的日常生活中无处不在。人们习惯于将事物分为好与坏、对与错、成功与失败，这种二分法的思维模式在人们的教育、媒体，甚至日常对话中都得到了广泛的体现。人们倾向于将人物塑造为英雄或恶棍，将事件简化为胜利或失败，却忽视了其中的复杂性和多样性。

这种思维方式的根源在于人们对确定性的渴望。在充满不确定性的世界里，人们希望通过简单的分类和判断来找到安全感和掌控感。然而，正是这种对确定性的过度追求，让人们忽略了世界的多元性和复杂性，导致人们的认知和判断往往偏离了真相。

张先生是一位在商界颇有名气的企业家，他以严谨的管理、创新的思维和卓越的领导力赢得了员工的尊敬，企业也得到市场的认可。在公司的圈子里，他被视为一位好老板，他的决策总是那么明智，他的领导总是那么有力。

## ◯ 翻身

然而，当人们将视线从职场转向他的家庭，却发现了另一个"截然不同"的张先生。由于工作的原因，他常常很晚回家，不能像其他父亲那样，辅导孩子写作业；也很少有时间去陪孩子游戏。

在职场上，张先生是一位成功的领导者，但在家庭中，他却是一个失职的父亲。如果我们仅仅用"好领导"或"不称职的父亲"来评价他，那么肯定有失偏颇。

非黑即白的认知方式不仅限制了我们的视野，还带来了许多不良的后果。首先，它导致了我们的判断和决策往往偏离了真相。由于忽视了事物的复杂性和多样性，我们的判断往往基于片面的信息和简化的模型，从而导致了误判和偏见。

其次，非黑即白的认知方式加剧了人与人之间的冲突和分裂。当我们坚持自己的二元判断时，往往无法容忍他人的不同观点和行为，从而导致了对立和冲突。这种冲突不仅仅存在于个人之间，还存在于群体、国家甚至文明之间。

最后，非黑即白的认知方式阻碍了我们的成长和进步。当我们用固定的框架来限制自己和他人时，我们就失去了探索新知识和新可能性的动力。我们的思维变得僵化，创造力被压抑，成长之路也因此而变得狭窄。

为了摆脱非黑即白的认知陷阱，我们需要学会多角度观察人或事物。这意味着人们要超越简单的二元分类，去探寻事物背后的复杂性和多样性。我们要学会从不同的视角和立场出发，去理解他人的行为和选择，去欣赏事物的不同面貌和层次。

多角度观察要求我们保持开放和包容的心态，要愿意倾听不同的声音，愿意接纳不同的观点，愿意承认自己的认知局限和偏见。只有这样，我们才能逐渐拓宽自己的视野，深化自己的理解，从而做出更加明智和全面的判断。

同时，多角度观察还要求我们具备批判性思维和独立思考的能力。我们要学会对信息进行筛选和评估，学会用理性的眼光去审视各种观点和论据。我们要勇于质疑和挑战那些看似理所当然的二元分类，勇于探索那些被忽视或掩盖的真相。

总之，拒绝非黑即白的认知方式是我们走向成熟和智慧的必经之路。我们要学会拥抱世界的多元性和复杂性，学会用多维度的视角去观察和理解人或事物。

## 成全别人，就是在成全自己

提及竞争，多数人的第一反应或许是剑拔弩张、势不两立。诚然，竞争激发了人类的潜能，推动了社会的进步，但若将竞争视为一场零和游戏，认为一方的胜利必然意味着另一方的失败，这无疑是一种短视。真正的智者，懂得在竞争中寻找合作的可能，实现共赢的局面。

有这样一则寓言。从前有个人，养了一匹骏马和一头老驴。有一天，他让驴和马分别驮着一袋货物赶路。

半路上，驴子有些累了，就对马说："你能替我分担一点货物吗？我实在太累了。"

马摇摇头说："不行。那是你自己应该驮的，我凭什么要帮你？"

驴没了办法，只好咬牙继续往前走。可它还没来得及登上山顶，就因为体力不支，倒在了地上。

## 翻身

主人见状，立刻把驴身上的货物卸下来，然后全都放在了马背上。于是，那骏马只能背着两个大包艰难地往前走。它每走一步都十分吃力，后背疼得好像要折断一般。它边走边想：早知如此，当初就该帮一下驴子啊！

寓言中的骏马与老驴，本是同路而行，却因骏马缺乏互助之心，最终导致两败俱伤。这不仅仅是动物世界的简单寓言故事，更是对人类社会竞争与合作关系的深刻隐喻。在现实生活中，硬碰硬的竞争往往带来的是资源的浪费和双方的损耗。

历史的长河中，庞涓与孙膑的故事便是这一道理的最佳注脚。同为鬼谷子的弟子，本应携手共进，却因庞涓的一己私欲，将才华横溢的孙膑推向了对立面。庞涓的嫉妒心不仅摧毁了孙膑的身体，更在马陵之战中让自己命丧黄泉，也让魏国元气大伤。如果庞涓能够以更宽广的心胸对待孙膑，或许两人的合作将改写战国时代的历史，成就一段不朽的传奇。

与庞涓形成鲜明对比的是鲍叔牙。面对齐桓公的相位之邀，鲍叔牙没有贪恋权势，而是推荐了比自己更加优秀的管仲。这一举动，不仅成就了齐国的霸业，也让管仲的才华得以施展，青史留名。鲍叔牙的行为，看似是自我牺牲，实则是一种更高层次的智慧。他深知，真正的成功不在于个人的得失，而在于能否促进整体的繁荣。最终，鲍叔牙自己也因这一善举而赢得了世人的尊敬，实现了个人价值与社会贡献的双重丰收。

清代人张潮在《幽梦影》中说："云映日而成霞，泉挂岩而成瀑。"意思是，有了云彩的陪衬，落日才能映照出晚霞；有了山崖的拔高，泉水才得以成为瀑布。自然界的景物尚且彼此映衬、相互成就，人更是如此。

在当今社会，利己主义盛行，人们往往为了个人的成功而极力打压对手。然而，社会学家指出，真正的成功与幸福源自利他行为。这是因为，在一个高度互联的世界里，个体的福祉与整体的福祉紧密相连。帮助他人成功，实际上是在为自己铺设更宽广的道路。正如孔子所言："己欲立而立人，已欲达而达人。"真正的智者，懂得通过成就他人来成就自己，他们明白，最大的利己不是碾压对手，而是携手共创辉煌。

另外，在这个快速变化的时代，单打独斗已不再是成功的秘诀，高层次的人懂得抱团取暖，共同抵御风雨，而低层次的人却仍在相互拆台，最终两败俱伤。人生在世，谁也无法保证永远不需要他人的帮助。人们每个人都是社会大网中的一个结点，相互依存，相互影响。因此，成全别人，就是在成全自己。

## 战略制胜，不在意一城一池之得失

《孙子兵法·军争》有这样一句话："军有所不击，城有所不攻，地有所不争。"意思是，在战争的时候，有些敌军没有必要打，有些城池没有必要攻占，有些地方没有必要争夺。

而这句话的核心就是，作为将帅者，不要在意一地的得与失，一时的胜利与失败，一切要以全局为重，要以取得最后的胜利为目标。

事实上，在《孙子兵法》诞生的春秋战国时期，各大诸侯国之间的战争频繁，但其发动战争的基本目标都是要攻占其他国家的土地，直到秦国大将白起领兵作战的时候，这种战争方式才有所改变。

白起指挥作战独具一格，他不再将攻城略地当成战争的唯一目的，而是以歼灭敌军的有生力量为主要目标。在这样的战法支持之下，白起非常善于打歼灭战，并且是战必求歼。

## ◎ 翻身

当时，在东方六国中，版图和实力最为强大的是楚国，其不仅幅员辽阔，而且物资丰富。白起认为，楚国面积比较辽阔，如果靠一城一池地去削弱楚国的力量，是一件非常不划算的事情，因为一城一池的得失并不能够削弱楚国的真正力量。

所以在战争打响后，白起并没有稳扎稳打、步步为营，一口一口地去吞并楚国的城池，而是直接渡过汉江，攻下重镇邓城，然后销毁一切退路，兵锋直指鄢城。楚国也看清楚了白起的目的，所以派重兵把守鄢城。

由于没了退路，秦国军队作战异常勇敢，接连打败楚国的军队。最后，白起引水淹没了鄢城，消灭了楚国将近十万精锐，随后又攻占了楚国的都城，楚国精锐几乎被消灭殆尽。楚国自此开始衰落，再也无力独自与秦国抗衡了。

不在意一城一池之得失，就是意味着敢于舍弃。《棋经》云："宁失数子，不失一先。"其核心意思是，弃子只是手段，争先才是目的；要想争先，有时必须舍弃一些东西。

高手们也正是明白了这个道理，才让其人生变得精彩。诸葛亮在隆中与刘备首次见面，讨论天下大事与根本大计时，曾这样说："不谋全局者，不足以谋一域。"

全局认知，就是一切从全局出发，从全局角度去看待问题和解决问题。具体来看，它有两个维度：从大处看和从长远看。

从大处看，就是放眼整体、总揽全局。例如，在考试的时候，如果有一道题无法解答，我们就一定要果断放弃，集中精力在下一道题上。因为在有限的时间里，如果我们太纠结"一城一池的得失"，最后很可能无法答完整个试卷。

从长远看，就是长远的眼光来看待眼前面临的问题，用发展的观点来对待现实的问题，而不是急功近利、鼠目寸光。比如我们的目标是考上理想的大学，但是由于自己的数学成绩好，又想在数学竞赛中取得好成绩。参加竞赛就会需要投入精力，这样就会影响其他学科的学习。虽然在竞赛中取得一定的名次会让我们兴奋一时，但是从高考的长远目标看，这种以牺牲其他学科成绩为代价的胜利是不值得的。

短期是会有很大的迷惑性的，有时候眼前经历的挫折或胜利都会让我们迷失方向，也会蒙蔽住我们的双眼，但是，真正的高手做事总会过滤短期信息而专注长期表现。这就是差距。

## 如果不是领头羊，就不做从众的小绵羊

20世纪50年代，美国心理学家所罗门·阿希做了一个著名的心理试验。他将试验分成8人一组，一共进行了18组试验。但事实上，在每组中，其中有7个都是他事先安排好的，只有1个志愿者才是真正的试验对象。

试验开始后，阿希拿出两张卡片，一张卡片上面画有一条竖线，另一张卡片上画有三条线，这三条线长短不一，但有一条和另一张卡片的竖线等长。

阿希让志愿者从第二张卡片中把那条等长的线挑出来。事实上，这些线条的长短差异明显，正常人是很容易做出判断的。然而，7个"托儿"故意异口同声地说出一个错误的答案。于是，真正的志愿者开始迷惑了，是坚定地相信自己的判断呢，还是说出一个和其他人一样的答案？

## 翻身

最终结果让人大跌眼镜：75%的志愿者被"托儿"带偏，至少做了一次从众的错误判断。

阿希的这个试验，实际上反映了社会上一种常见的社会心理现象。在现实生活中，人云亦云现象时有发生，我们大脑成了别人思想的"跑马场"，别人的思想经常侵入我们的脑海，还不停撒野狂欢。

在勒庞的经典著作《乌合之众》中，有一个深刻的洞见：当人们融入群体时，为了寻求认同与归属感，往往不惜牺牲个人的独立思考，用智商换取那份令人安心的集体温暖。这一现象，如同一面棱镜，折射出人们在社会洪流中逐渐磨平的棱角，以及那份对个性消逝的无奈。然而，这背后隐藏的，是对个人成长与自我实现的巨大风险。

年轻时，人们满怀梦想，渴望仗剑天涯，探索未知的世界。但步入社会，面对现实的磨砺，许多人选择了妥协，将梦想束之高阁，转而追求一种看似安稳实则平庸的生活模式：规律的工作、传统的家庭角色，害怕任何形式的特立独行，生怕成为他人眼中的异类。这样的生活轨迹，虽符合世俗期待，却也让我们的生命失去了应有的色彩与深度。

勒庞还指出，群体的力量虽能迅速汇聚成强大的能量，但这股力量往往是盲目且非理性的。因此，在群体之中保持清醒的头脑，不被情绪化的行为和思维所裹挟，显得尤为重要。

例如股市热潮时，无数人因听说他人获利便盲目跟风，结果往往惨淡收场。这背后，是对外界声音的过度依赖，对个人判断力的忽视，以及对内心深处真实需求的漠视。同样，微商浪潮兴起时，多少人只见他人表面的光鲜，却未曾深思其背后的艰辛与付出，便急匆匆地投身于这场未知的战役，最终多以失败告终。

真正能够成就大事的人，往往是那些善于独立思考，不随波逐流者。他们敢于打破思维的壁垒，勇于变通。

第一章 破壁，让认知与高手同步

要在群体中脱颖而出，就必须学会在任何时候都保持独立的思考与判断。批判性思维，作为一种核心的思维能力，能够帮助人们更加深入地分析问题，做出更加理性的决策。通过阅读、思考与讨论，我们可以不断培养和强化这种能力，使自己在复杂多变的环境中保持清醒与敏锐。

同时，勇于承担不从众带来的后果，是每一个渴望突破自我、实现价值的人必须面对的挑战。当你选择按照自己的想法行事时，必然会遭遇来自群体的压力与质疑。但正是这份坚持与勇气，将逐渐塑造出一个更加坚韧、真实的自我。久而久之，当你习惯了这种基于自我信念的生活方式，盲目从众的现象自然会在你的生活中消失。

# 第二章
# 祛魅，走出头脑的思维误区

## 误区一：错误，就是失败

这是一个充满机遇与挑战的时代，每个人都怀揣着梦想，渴望成功，过上理想的生活。然而，现实也是残酷的，许多人的成功梦在前行的道路上被击碎，只留下无尽的遗憾和困惑。

张宇是一位在新能源领域深耕多年的工程师。当能源革命在国内外兴起的时候，他看到了这个行业的巨大前景，所以他毅然辞职，自己创办了一家光伏公司。

不过，光伏技术路线有很多条，每一条都有自己独特的优势和劣势，如果同时布局多条技术路线，不仅需要大量的资金，而且需要大量的人力投入，所以，对于企业来说，如果没有雄厚的实力，只能选择一条。

张宇也不例外，选择了自己极为看好的一种薄膜技术。他坚信自己的技术路线能够引领行业变革。然而，他却选择一种错误的方法，以至于这项技

## 第二章 祛魅，走出头脑的思维误区

术的转化率迟迟不能提高，由此也落后于其他技术。

面对失败的结果和外界的质疑，张宇感到了前所未有的压力。他开始怀疑自己的判断力和专业能力，更是对自己的整个职业生涯进行了否定。随着项目资金的撤离和团队的解散，张宇仿佛看到了自己未来道路的尽头：一片漆黑，前途渺茫。

由于一时或偶然的错误，张宇便对过去和未来进行全盘否定，将错误和失败之间画等号，这自然是错误的行为。事实上，人们在面对生活、工作等一系列外部问题的时候，总是在犯错，就连人们公认的成功人士也不能幸免。

巴菲特有"股神"之称，他的投资战绩总是被人津津乐道，但是，他也有失败的时候。

据说，巴菲特6岁开始卖口香糖，10岁开始卖二手高尔夫球，到12岁的时候，他已经积攒了120美元。后来，他就招募他的姐姐多丽丝为合伙人，共同买股票进行投资。他购买的第一只股票是城市服务公司的，原因只是因为他的父亲喜欢这只股票。

但不久，市场走势低迷，城市服务公司股价不断下跌，多丽丝多次提醒他。巴菲特觉得压力巨大，后来终于等到股票有所回升的时候，他立刻将其卖出。虽然，这次交易为他和多丽丝赚了5美元，但城市服务公司的股价很快翻了数倍，这让巴菲特懊恼不已。

但是，巴菲特并不掩饰自己的错误，而是总结出三大教训，并将其牢牢记住，这由此也奠定了其成为"股神"的基础。后来，他也经常在股东大会上，将自己犯过的错误公之于世，忠告他人能从自己的错误中汲取经验教训。

事实上，错误是成功的催化剂。它迫使人们反思自己的行为，寻找问题的根源，从而促使人们在知识、技能和思维方式上不断进步。

○ 翻身

另外，错误还能帮助人们更清晰地认识自己，看到自己的不足，从而明确正确的发展方向。而这种自我意识的提升，有助于人们做出更加明智的决策，让错误不再发生。

桥水基金创始人写过一本名叫《原则》的畅销书。书中提到，因为错误总是免不了的，惩罚错误的做法只会促使其他人隐藏错误，而这将导致更大、代价更高的错误。开放地对待错误，正视错误产生的价值并修订它，而不是把错误等同于失败，不用错误苛责自己或是组织内的成员。这才是对待错误的正确方式。

那么，人们又该如何将错误转化为成功呢？

首先，人们必须先要勇于承认错误，因为逃避或否认错误只会让问题变得更加复杂。其次，要深入分析其产生的原因，是知识不足、技能欠缺，还是决策失误？只有找到问题的根源，才能避免重蹈覆辙。最后，要积极寻求解决方案，既可以寻求他人的帮助，也可以自己进行尝试。

## 误区二：赌徒谬误，独立事件轻信关联

假设人们在投掷一枚硬币，连续5次都是正面朝上，你认为第6次投掷：

出现反面的可能性更大？

出现正面的可能性更大？

出现正面和反面的概率一样大？

## 第二章 祛魅，走出头脑的思维误区

大多数人的答案是出现反面的可能性大。因为人们相信命运具有一种平衡力量，已经连续 5 次正面朝上，下一次应该不会再出现同样的结果了。

在人们的日常生活中，很多人都经历过类似的情境，这种思维模式却是一种经典的认知偏误，被称为"赌徒谬误"。

赌徒谬误，又称"赌徒逻辑错误"或"蒙地卡罗谬误"，是指人们错误地认为，在一个独立的随机事件中，过去的结果会影响未来的结果。例如，在掷硬币时，连续几次出现正面后，许多人会错误地认为下一次出现反面的概率会增加。

赌徒谬误最著名的案例发生在 1913 年的蒙地卡罗赌场。那年的 8 月 18 日当晚，轮盘赌的球连续多次落在黑色区域，这引发了赌客们的强烈反应。随着黑色连续出现，越来越多的赌客开始大额下注红色，认为在这么多次黑色之后，红色更有可能出现。

结果令人惊讶的是，轮盘球继续落在黑色区域，连续 26 次后才落在红色区域。

这一事件导致赌客们损失惨重，因为他们误以为黑色连续出现后红色的概率会增加。

赌徒谬误，这个听起来充满戏剧性的名词，实则是一种深植于人性之中的思维陷阱。它让人们错误地认为，在独立的随机事件中，历史的结果能够预示未来的走向。就像投掷硬币，即便连续五次正面朝上，第六次出现正面或反面的概率依然各占半壁江山，互不相干。但遗憾的是，大多数人往往在这一刻，被一种莫名的"平衡感"所迷惑，坚信下一次反面出现的可能性更大，从而陷入了逻辑的误区。

某家初创科技公司，专注于开发创新产品。但接连推出几款产品后，销售数据并未达到预期。公司的创始人开始感到焦虑，此时公司的现金流也开始出现紧张。这位创始人决定再推出一款新品。他认为，之前几次失败了，

○ 翻身

这次一定能成功。但他忘了，这几款产品根本就不是同一类型的产品，没有连贯性，没有关联性。结果，这款产品也没有成功。最终，公司资金链断裂，项目不得不宣告失败。

在人生的"赌场"中，人们时常面临决策的挑战。而赌徒谬论，正是那个潜伏在暗处，试图扭曲人们判断力的敌人。要避免这一陷阱，人们首先需要做到的是独立判断，客观评价。

尽管人们总希望自己能够始终保持客观，但现实却往往并非如此简单。人们的判断，时常在不经意间被主观意愿所渗透，导致人们对事物的看法产生偏差。因此，人们需要时刻提醒自己，要保持清醒的头脑，不要让个人的情感、偏见或期望干扰到人们的判断过程。

而要做到这一点，排除干扰就显得尤为重要。人们需要学会从纷繁复杂的信息中筛选出真正有价值的内容，忽略那些可能误导人们的噪音。同时，人们还需要学会合理归因，不要将偶然的事件视为必然的结果，也不要因为某件事情连续发生了几次，就认为它接下来还会继续发生。

避免赌徒谬论，需要人们既要有独立判断的勇气，也要有排除干扰、合理归因的智慧。只有这样，人们才能在人生中，保持清醒的头脑，做出明智的决策。

## 误区三：红灯思维，拒绝接受新观点

在生活的每一个角落，思维方式无时无刻不在影响着人们的决策与行

## 第二章 祛魅，走出头脑的思维误区

动。其中，红灯思维作为一种普遍存在的消极思维模式，常常在不经意间成为人们前进道路上的绊脚石。

红灯思维在生活中屡见不鲜，它像是一面隐形的墙，阻碍着人们前进的步伐。比如，在工作中，面对一个新的项目或挑战，有人可能会立即想："这太难了，我肯定做不好。"这种自我设限的想法就是红灯思维的一种表现。在学习上，当学生遇到一道难题时，他可能会想："这道题太难了，老师肯定没讲过，我做不出来。"于是放弃尝试，这也是红灯思维在作祟。

在家庭生活中，红灯思维同样存在。比如，当家人提出一个新的旅游计划时，有人会立刻反对："这太麻烦了，还不如在家休息。"他们忽略了旅行带来的新体验和家人共度的美好时光，只看到了眼前的困难和不便。这些例子都表明，红灯思维让人们在面对新事物或挑战时，习惯性地亮起心中的"红灯"，拒绝尝试和探索。

红灯思维，顾名思义，就是面对新观点、新事物或挑战时，心中亮起的一盏"红灯"，它阻止人们进一步思考、尝试和探索。这种思维方式的核心是拒绝和排斥，它让人们在面对未知或不确定性时，本能地选择逃避和保守。红灯思维往往源于对失败的恐惧、对自我能力的怀疑以及对舒适区的过度依赖。

习惯性防卫是红灯思维的重要表现。当人们遇到与自己观点不一致或挑战自己认知的信息时，人们会不自觉地启动防御机制，拒绝接受或深入讨论这些信息。这种防御机制虽然在一定程度上保护了人们免受外界冲击，但也限制了人们的成长和进步。

小张是一家科技公司的研发工程师，他所在的团队负责开发一款新的智能手机。在项目初期，团队提出了一个创新的想法：在手机中集成一种全新的交互方式，以提高用户体验。然而，小张却对这个想法持怀疑态度。他认为这种交互方式太过前卫，用户可能无法接受，而且实现起来技术难度也很

● 翻身

大。因此，他一直在团队中持反对意见，并试图说服其他人放弃这个想法。

由于小张的坚持和反对，团队最终没有将这个创新点纳入产品开发计划。然而，市场反馈却证明，这种全新的交互方式正是用户所需要的，而竞争对手却推出了类似功能的产品，赢得了市场的青睐。小张的团队因此错失了一个重要的市场机遇，而小张也因为自己的红灯思维而错失了成长和创新的机会。

红灯思维的危害是多方面的。首先，它限制了我们的视野和思维广度，让我们只看到眼前的困难和挑战，而忽略了更广阔的可能性和机遇。其次，红灯思维阻碍了我们的成长和进步，它让我们在面对新事物和挑战时选择逃避和保守，从而失去了学习和提升的机会。最后，红灯思维还会破坏团队的协作和氛围，让团队成员之间产生分歧和隔阂，影响团队的整体效能。

要破除红灯思维，首先需要认识到它的存在和危害。我们需要时刻提醒自己，不要在面对新事物和挑战时本能地亮起心中的"红灯"。相反，我们应该尝试以开放和包容的心态去接纳和探索这些未知领域。

建立绿灯思维的关键在于培养积极的心态和勇于尝试的精神。我们需要学会从别人的疑问和观点中看到有价值的东西，去完善自己的观点和想法。同时，不要把别人对我们观点的质疑理解为对我们自身的否定。这样，我们才能更加客观地看待自己的想法和行为，更加勇于接受和尝试新的可能性。

## 误区四：达克效应，越是无知越是自信

罗素说："这个世界的麻烦就是傻瓜非常自信，而智者总是充满忧虑"。

罗素的这句话实际上揭示了人们生活中一个令人深思的矛盾：越是无知的人，往往越是自信。这种看似悖论的现象，实则在人们的日常生活和工作中屡见不鲜。

达克效应，这一术语源自美国心理学家于1999年的一项研究。研究认为，能力欠缺的人往往对自己的实际水平缺乏准确的认识，他们基于错误的自我评估，得出不切实际的结论，并表现出过度的自信。相反，那些真正具备高能力的人，由于对自己的知识边界有清晰的认识，反而可能表现出更为谦逊的态度。

这种"无知比知识更容易产生自信"的现象，正是达克效应的核心所在。它像一面扭曲的镜子，让人们在无知中看到了错误的自我形象。

黎超在知名科技公司担任项目经理，长期负责公司的产品创新工作。他总是过于自信地认为自己的经验和直觉足以应对任何挑战，对新技术的涌现持怀疑态度，认为那些只是短暂的潮流，无法对公司产品产生实质性影响。

在一次重要的产品创新会议上，黎超坚持沿用传统的技术方案，忽视了团队中年轻工程师提出的基于人工智能的创新思路。他坚信自己的判断，认

○ 翻身

为那些新想法不切实际，无法带来市场成功。

然而，结果却出乎他的意料。竞争对手利用人工智能技术推出了革命性的产品，迅速占领了市场，而黎超的产品则因为缺乏创新而黯然失色。这次失败的教训让黎超深刻意识到，自己的无知和过度自信导致了创新的错失。

黎超的案例，正是达克效应的一个生动写照。达克效应之所以存在，其根源在于思维误区和自我评价的扭曲。能力较低的人由于缺乏足够的知识和技能，往往无法准确判断自己的实际水平。他们倾向于将成功归因于自己的能力和努力，而将失败归咎于外部因素或他人的错误。

这种自我中心化的思维方式使得他们难以接受他人的批评和建议，更不愿承认自己的不足。相反，那些真正具备高能力的人，由于对自己的知识边界有清晰的认识，他们更能够客观地评估自己的表现，并愿意接受他人的反馈和指导。

达克效应限制了人们的视野和思维广度。当我们过于自信地认为自己已经掌握了所有知识时，我们就会错过学习和成长的机会，无法适应不断变化的环境。

要破除达克效应，我们需要从以下几个方面入手：

勇于承认无知：承认自己的无知是破除达克效应的第一步。我们需要正视自己的不足和局限性，并勇于向他人寻求帮助和建议。只有当我们愿意放下自己的架子，虚心向他人学习时，才能不断进步和成长。

建立反馈机制：反馈机制是帮助我们认识自己不足的重要途径。我们需要建立有效的反馈机制，及时获取他人对自己的评价和建议。通过反馈机制，我们可以更加客观地评估自己的表现和能力水平，从而及时调整自己的策略和方向。

持续学习和成长：学习和成长是破除达克效应的根本途径。我们需要保持对新知识、新技能和新思想的好奇心和求知欲，不断拓宽自己的视野和知识面。通过持续地学习和成长，我们可以不断提升自己的能力和水平，更好地应对未来的挑战。

## 误区五：行动偏误，毫无用处也要行动

在排队的时候，你会不会心急如焚地在两条队伍间切换？塞车时，你是不是会想着怎么左穿右插？高峰地铁换乘时，明明动都动不了你还是会想着要挤挤看？上下电梯的时候，有没有去重复按那个关门的按钮？

人们每天都在做出决策，有些微不足道，有些则意义重大。然而，不论大小，人们往往容易陷入一些常见的决策陷阱，这就是所谓的"行动偏误"。

行动偏误指的是：即使毫无用处，也要采取行动。在如今快节奏的生活当中，很多人为了消除内心的焦虑以及获得自我安慰，往往在做无谓的行动。即使没有任何帮助，也依然坚持要做。

不过，没有目的性的忙碌往往只是浪费自己的时间和精力，没有任何实质性的帮助。

某新兴科技公司，专注于开发智能家居产品，在市场上初露锋芒。随着一款智能音箱产品的热销，公司管理层信心倍增，急于扩大市场份额，巩固领先地位。在一次紧急召开的战略会议上，面对竞争对手即将发布类似产品的消息，CEO基于当前销售的强劲势头，主张立即启动大规模生产，增加广告投入，并加速新产品的研发进度，以期"先发制人"。

◐ 翻身

然而，这一决策忽略了几个关键因素：市场饱和度的潜在风险、消费者需求的多样性与变化，以及供应链管理的复杂性。由于行动过于仓促，公司没有足够的时间进行充分的市场调研、风险评估和资源调配。结果，当大量产品涌入市场时，遭遇了消费者热情减退、库存积压和资金链紧张的困境。同时，为了加速研发而牺牲的产品质量，也引发了用户的不满和负面口碑。

这个案例正是行动偏误的体现——在面临竞争压力时，管理层未能保持冷静，过早且过度地采取了行动，最终导致了一系列不良后果。它警示人们，在决策过程中，应当时刻警惕行动偏误，确保在充分分析市场、评估风险并合理配置资源的基础上，再做出稳健的决策。

显而易见，行动偏误会引起一些坏处。可能会导致人们冲动决策，也可能会导致人们把现状变得更糟糕，但为什么人们还是会更倾向于做点什么呢？

一般来说，行动偏误在多种情况下都容易发生，以下是一些主要的情境：

面对新情况或不明情况时：当个人遇到不熟悉或复杂的情境时，由于缺乏经验或信息不足，容易产生采取行动的冲动，以应对不确定性。这种冲动可能源于遗传基因中的快速反应机制，但在现代社会中，更需要的是深思熟虑而非盲目行动。

追求即时满足或成果时：现代社会中，人们常常追求快速成功和即时满足。这种心态使得个人在面对机会或挑战时，更倾向于采取迅速行动以获取成果，而忽视了对长期后果的考虑。

缺乏充分信息或评估时：在做出决策之前，如果个人没有收集到足够的信息或未进行充分的评估，就容易受到片面信息或直觉的误导，从而做出不理智的行动决策。

为了避免行动偏误的发生，在行动之前，自我反思和明确目标至关重要。首先，问问自己"接下来我想做什么？"这个问题促使我们思考即将采取的行动或步骤，帮助我们明确当前的方向。接着，"做这个的原因是什么？"引导我们深入探究行动的动机，理解背后的需求和驱动力。这有助于确保我们的行动是基于合理且有意义的原因。然后，"我想要达到的目标是什么？"这个问题要求我们明确长期或短期的目标，为我们的行动提供一个清晰的方向。

最后，"做这个有助于我达到目标吗？"这个问题促使我们评估当前行动与目标之间的关联性。它帮助人们判断所采取的行动是否真正有助于实现人们的目标，从而确保每一步都是有意义且高效的。

通过这样的自我提问，我们可以更加明智和有目的地行动，提高成功的可能性。

## 误区六：沉没成本，投入的无底洞

不知道你是否遇到过这样的情况——看了半个小时的电影之后觉得不好看，想走却觉得不能浪费了买电影票的钱；不喜欢自己的大学专业却非要找和大学专业相关的工作，因为觉得不能浪费了大学四年的学习；对于网上抢购的商品突然不想买了，但是心疼已经预付的定金，于是又把剩下的钱给交了。

这些都是纠缠于沉没成本的表现。对某件事或某件物品已经不感兴趣，但是因为自己之前已经在它们身上花费了时间和精力，如果中途放弃，就浪费了之前的努力。

在经济学与商业决策中，沉没成本是一个至关重要的概念，它指的是那些已经发生且无法回收的成本，如时间、金钱、精力等。这些成本如同投入湖中的石头，一旦沉没便无法再取回。

然而，在实际生活中，人们往往难以摆脱沉没成本的束缚，继续投入资源于无望的项目或关系中，导致更大的损失。

楚明是一位普通的投资者，初入股市时满怀热情与期待。然而，由于缺乏足够的投资知识和经验，他盲目跟风，将大量资金投入了几只看似热门但实则基本面不佳的股票中。随着时间的推移，这些股票的股价逐渐下跌，但楚明却固执地认为这只是暂时的调整，只要坚持持有，总有一天会回本甚至盈利。

楚明不断告诉自己，这些钱已经投进去了，现在放弃就等于承认失败，于是选择继续加仓以摊低成本。然而，股市并没有如他所愿反弹，反而持续低迷，甚至有几只股票因公司经营不善而面临退市风险。最终，楚明不仅损失了大部分本金，还陷入了深深的自责与懊悔之中。

这个案例正是沉没成本陷阱的典型体现。楚明因不愿承认过去的错误决策，继续投入资源于无望的投资中，结果导致损失不断扩大。他忽视了投资的核心原则——理性分析与风险控制，而是被沉没成本所绑架，做出了非理性的决策。

沉没成本对个人和企业而言，其危害不容忽视。一方面，它会导致资源的浪费。当个人或企业继续投入于无望的项目或关系中时，他们实际上是在浪费宝贵的时间、金钱和精力。这些资源本可以用于更有价值、更有可能成功的领域。

另一方面，沉没成本会扭曲决策过程。人们往往因为过去的投入而难以割舍，即使面对明显的失败信号也选择视而不见。这种心理偏见会干扰他们的判断力，使他们无法做出基于当前情况和未来预期的理性决策。

此外，沉没成本还会带来心理压力。长期陷入沉没成本的困境中，个人和企业可能会感到沮丧、焦虑甚至绝望。这种负面情绪不仅会影响他们的心理健康，还可能进一步影响他们的决策能力和工作效率。

沉没成本的产生是一个复杂的过程，即使有良好的策划和计划，但在执行过程中也可能因为各种原因（如市场环境变化、内部管理不善等）而偏离原定的轨道。这种偏离会导致已投入的资源无法按预期产生回报，从而形成沉没成本。

要有效避免沉没成本的陷阱，我们不妨设定止损点，这一点是非常重要的。一旦达到这个点，就要果断采取行动，避免损失进一步扩大。这需要我们具备强烈的纪律性和执行力。

同时要定期进行评估与调整。无论忙碌与否，我们都需要定期对自己的投资、项目或关系进行评估。通过回顾过去的决策和行动结果，我们可以发现存在的问题和不足，并及时进行调整和优化。

## 误区七：学历无用，只要能力强就够了

在当今社会，关于学历与能力的争论从未停歇。一种观点认为，"学历无用论"盛行，强调在快速变化的职场环境中，实际能力远比一纸文凭更为重要。这一观点主张，企业更看重应聘者的实践经验、解决问题的能力以及创新思维，而非单纯的学历背景。

## 翻身

诚然，能力在职场中的价值无可否认，它直接关系到个人的工作效率、团队协作以及创新能力，是职场成功的关键因素之一。然而，将学历与能力完全对立起来，忽视学历的重要性，则是一种片面的看法。

张华自小聪明伶俐，动手能力强，对机械技术有着浓厚的兴趣。高中毕业后，他放弃了继续深造的机会，选择直接进入一家小型机械厂工作，希望通过实践快速提升自己的技能。起初，张华凭借出色的动手能力和对技术的热爱，在厂里迅速崭露头角，成为技术骨干。然而，随着时间的推移，他发现自己遇到了职业发展的瓶颈。

随着技术的不断进步和产业升级，机械行业对人才的需求也在不断变化。越来越多的企业开始注重引进高学历、高素质的技术人才，以推动技术创新和产品升级。张华虽然技术过硬，但由于缺乏系统的理论知识和高学历的加持，在晋升和转岗时屡屡受挫。他发现自己难以参与到更高层次的技术研发和管理决策中，只能停留在技术工人的角色上。

更令张华沮丧的是，随着年龄的增长和家庭责任的加重，他越来越感受到职场竞争的激烈和自身发展的局限性。他开始意识到，虽然能力在职场中至关重要，但学历同样是衡量一个人综合素质和潜力的重要标准。没有学历的支撑，他很难在职场上实现更大的突破和提升。

《学历无用论》原是1966年日本索尼公司创始人盛田昭夫所写的一本书，其原意是让企业抛弃高学历就是好人才的偏见，从而更多挖掘人本身的价值与技能。然而，后来却被人狭隘地强调书名的"学历无用论"，而忽略本质。

学历无用论之所以能在一定程度上获得认同，主要源于以下几个方面的原因：

职场偏见与误导：部分企业和个人过分强调实践经验和即时效益，忽视了学历背后所代表的系统学习、知识积累和综合素质。这种偏见导致一些人错误地认为学历不重要。

成功案例的误导：社会上不乏一些没有高学历却取得巨大成功的案例，如比尔·盖茨、马克·扎克伯格等。这些成功案例被过度解读和宣传，使得一些人误以为学历不是成功的必要条件。

教育体制的问题：传统教育体制在某些方面确实存在与市场需求脱节的问题，导致部分毕业生在就业市场上缺乏竞争力。这进一步加剧了学历无用论的传播。

然而，这些原因并不能全面否定学历的价值。事实上，学历作为个人综合素质和学习能力的一种体现，对于个人职业发展和社会进步都具有重要意义。

学历教育是系统学习专业知识、培养综合素质的重要途径。通过学历教育，个人可以系统地掌握专业知识、提升学习能力和思维能力，为未来的职业发展打下坚实的基础。

在竞争激烈的职场中，学历往往成为衡量一个人综合素质和潜力的重要标准。拥有高学历的求职者更容易获得企业的青睐和认可，从而拥有更多的职业选择和发展机会。

# 第三章
# 克己，清除鞋中的小沙粒

## 娱乐至上，刷"小视频"到深夜

在当今社会，随着智能手机的普及和移动互联网的飞速发展，刷"小视频"已成为一种普遍现象。走进任何一家咖啡馆或快餐店，不难发现，几乎每个人都低头盯着自己的手机，手指在屏幕上飞快地滑动。小视频以其短小精悍、内容丰富、形式多样等特点，迅速吸引了大量用户的关注。

无论是搞笑段子、美食制作、生活小窍门，还是时尚潮流、新闻速递，小视频都能以最快的速度满足人们的求知欲和娱乐需求。这种现象不仅反映了现代人生活节奏的加快和娱乐方式的多样化，也折射出了一种深层次的社会心理和文化变迁。

然而，正是这种随时随地的便捷性和高度的刺激性，使得越来越多的人陷入了沉迷的境地。他们不分时间、不分场合地刷着小视频，甚至在工作和学习时也难以自拔。沉迷刷小视频的背后，隐藏着不容忽视的问题和挑战。

## 第三章　克己，清除鞋中的小沙粒

张先生是一家互联网公司的程序员，工作原本十分出色，但自从迷上了刷小视频后，他的生活和工作都发生了翻天覆地的变化。起初，他只是利用午休或下班后的时间刷一会儿视频放松一下，但渐渐地，他发现自己越来越难以控制这种行为。

上班时，张先生也忍不住偷偷拿出手机刷上几分钟；晚上回到家，更是常常刷到深夜，导致第二天精神萎靡。

随着时间的推移，张先生的工作效率大幅下降，经常出错，甚至错过了几个重要的项目节点。领导多次找他谈话，希望他能调整状态，但张先生却无法自拔。最终，公司不得不作出了辞退他的决定。失业后的张先生才意识到问题的严重性。

沉迷刷小视频的危害是多方面的。

首先，它严重浪费了时间。那些原本可以用来学习、工作、锻炼或陪伴家人的时间，都被无意义地消耗在了滑动屏幕上。

其次，刷小视频容易导致注意力不集中。频繁地切换视频内容使得大脑无法深入思考，影响了人们的认知能力和创造力。

再者，长期刷小视频还可能对心理健康造成负面影响。过度依赖虚拟世界的刺激和快感，可能导致现实生活中的社交能力下降、情绪波动大等问题。

尼尔波兹曼在《娱乐至死》中说过：要警惕社会公共生活话语的特征由曾经的理性、秩序、逻辑性，逐渐转变为脱离预警、肤浅、碎化。如今的短视频，攻城略地地占用了人们的碎片化时间，而真正可以用来系统学习的时间却挤压得少之又少。

所以，面对沉迷刷小视频的问题，我们需要采取积极有效的措施来克服。

一方面，要增强自我意识，认识到沉迷刷小视频的危害，并设定明确的

◐ 翻身

使用时间和目标。比如，可以规定自己每天只刷半小时的小视频，并在达到时间后立即停止。

另一方面，可以利用一些手机应用或工具来限制自己的使用时间，比如设置屏幕使用时间提醒或安装专门的防沉迷软件。

更重要的是，我们要从根本上改变对娱乐和放松的认识。刷小视频只是一种浅层次的、暂时的快感来源，它无法替代真正的休息和放松。真正的放松应该是让身心得到充分的休息和恢复。

## 邋里邋遢，个人形象不值一文

在竞争日益激烈的现代社会中，个人形象作为人际交往的第一张名片，其重要性不言而喻。它不仅关乎他人对人们的第一印象，更能在无形中影响人们的职业发展、人际关系乃至最终的成功。

翟小明一位初入职场的软件工程师，拥有扎实的专业技能和满腔的热情，但起初在职场上并未能迅速脱颖而出。

翟小明常穿着随意，T恤配牛仔裤，头发略显凌乱，这样的形象让他在客户面前显得不够专业，甚至在团队内部也给人一种不够重视工作的印象。尽管他的代码质量上乘，但每当有重要项目汇报或客户交流时，领导总是更倾向于选择形象更为得体、表达更为自信的同事。

意识到这一点后，翟小明开始重视起自己的个人形象塑造。他学习了职场着装规范，逐渐从休闲装转向更加专业、得体的商务休闲装。同时，他还注重个人仪表的整洁与细节，比如保持发型的清爽、修剪指甲、保持衣物干净无皱褶等。

改变带来的效果是显著的。不久后，在一次关键的项目提案会上，翟小明凭借其专业的着装、流利的讲解和自信的表现，赢得了客户的高度认可。这次成功不仅为他个人赢得了声誉，也让他在团队中的地位显著提升，开始承担更多重要任务。此后，无论是内部晋升还是外部合作机会，翟小明都成为了优先考虑的对象。

个人形象是与人交往的重要因素之一，它可以影响他人对自己的态度和感受，从而影响人际关系的发展和维护。同时，个人形象是职业成功的重要因素之一，一个良好的形象可以提升自己的职业竞争力，增加自己在职场中的认可度和影响力。

另外，个人形象可以传递个人的价值观和信仰，展现自己的个性和特点，从而获得他人的尊重和认可。当然，一个良好的形象可以提升自己的自信心和自尊心，增强自己的心理素质和抗挫能力。

在美国的一次关于形象设计的调查中，76%的人根据外表判断人，60%的人认为外表和服装反映了一个人的社会地位。美国形象大师乔恩·莫利经过26年对服装的研究，得出的结论是：人们的着装影响着外界对待人们的态度。穿着像个成功的人，就能让你在各种场所得到尊敬和善待。

也就是说，穿着成功不一定能够让你成功，但不成功的穿着大概率让你失败。

既然着装如此重要，人们应怎么做呢？

首先，不穿廉价、过时的衣服，拒绝任何不修边幅的形象，不要让自己看起来就像是个失败者。特别需要注意的是，商务场合不要穿牛仔裤，它永远不会为你增加积极的形象。

然后，请关注自己的鞋袜。不要穿沾满尘土的鞋，因为沾满了尘土的鞋

◐ 翻身

会让人质疑一个人的卫生习惯，由此联想到个人在事业上是否勤奋、成功。不要穿花袜子，袜子尽量和裤子同色，做到袜子要每天换洗。

总地来说，一个良好的个人形象能够提升自信心，增强他人对人们的信任感，从而为人们创造更多机会和可能。因此，无论人们身处何种行业、何种岗位，都不应忽视对个人形象的塑造与提升，让它成为自己成功路上的有力助推器。

## 足不出户，"宅"能毁掉一生

在这个快节奏的时代，每个人的休息日和假期都显得尤为珍贵，如何度过这些宝贵时光，往往反映了一个人的生活态度和价值观。有人热衷于规划旅行，与家人朋友共赴远方，用镜头捕捉每一个精彩瞬间，分享给世界他们的快乐与探索。

而另一些人，则选择宅在家中，享受那份宁静与自由，补觉、追剧、打游戏、下厨、逗宠物……每一种方式，都有其独特的魅力，只要能让心灵得到真正的放松和满足，便无愧于假期的意义。

然而，社会对于"宅"这一现象，往往持有复杂的看法。长辈们忧虑，年轻一辈过度沉浸于个人小天地，会错失交友良机，影响人生大事；网络上，也不乏声音将"宅"标签化为一种病态，担忧它会让人与时代脱节，丧失活力。但事实真的如此吗？

以小李为例，这位对计算机技术充满热情的年轻人，曾凭借卓越的技术

## 第三章　克己，清除鞋中的小沙粒

才华和不懈的努力，在编程领域崭露头角，屡获殊荣。然而，随着时间的推移，他对技术的追求逐渐演变成了生活的全部，宅家成为常态。

这种转变，虽然让他在技术上更加精进，却也悄然剥夺了他与现实世界互动的机会，社交能力的缺失，让他在职业生涯中遭遇了前所未有的挑战。面对职场的复杂多变，小李显得力不从心，那些曾经因"宅"而错过的成长经历，如今成了难以逾越的障碍。

相关研究指出，"宅"现象背后，隐藏着年轻人对学校、工作的排斥，以及由此产生的社会退缩，这种状况若持续六个月以上，便可能构成"退缩青年症"，影响深远。

科学研究进一步揭示了"宅"的潜在危害。《神经科学》杂志的一项研究指出，长期宅家会导致人们对时间和空间的感知产生偏差，出现"土拨鼠日效应"。

起初，土拨鼠日只是北美地区的一个传统节日，每年2月2日，当地人会观察土拨鼠的影子来预测冬春交替。后来，这个节日被改编成电影《土拨鼠日》而广为人知。在电影中，一个记者被困在2月2日这一天，不管他如何努力，次日早晨醒来依然是重复的2月2日。这种时间循环让他感到绝望和麻木，他尝试以各种方式结束自己的生命，但都无法摆脱这种困境。

更重要的是，长期宅家还会削弱个体的决策能力与社交技能。缺乏与外界的交流，面对重大决策时，个体往往缺乏足够的参考意见，变得犹豫不决，甚至做出错误判断，影响深远。

因此，无论出于何种原因选择"宅"，人们都应保持警惕，意识到其背后可能隐藏的风险。作为群居性动物，人类天生需要社交来维持心理健康。即便面对陌生环境与他人的紧张感，人们也应勇敢迈出步伐，克服"社交恐惧"，主动融入社会，积累宝贵的社交经验。

正如稻盛和夫所言："人必须出门，必须社交，必须去体验不同的事

○ 翻身

物,见各种各样的人,脑子才会思考,才能感觉到自己是在活着。"每一次出门,哪怕只是去咖啡厅里静静地坐着,都是对自我边界的拓宽,对生活可能性的探索。长期宅家的后果,不仅仅是失去生活的灵性,更是对自我成长潜力的巨大浪费。

在这个充满机遇与挑战的时代,人们更应该珍惜每一次与外界连接的机会,别让"宅"成为一种逃避现实的借口。

## 拖拖拉拉,大好光阴只能虚度

在当今社会,有一种症状相对广泛地存在于人们之中,那便是常见的慢性拖延症,表现为对要做的事情一拖再拖,直到最后才慌慌张张地赶工。

小山毕业于一所知名大学,对互联网行业满怀憧憬。毕业后,他毅然决定自己创业,开发一款能帮助人们高效管理时间的 APP。

起初,小山精心制定了详尽的商业计划书,从市场调研、产品设计到营销推广,每一步都规划得有条不紊。他坚信,凭借自身的专业知识和对市场的敏锐洞察,这款 APP 必将脱颖而出,成为市场上的一匹黑马。

然而,时间悄然流逝,小山的拖延症却不知不觉地浮现出来。每当夜幕降临,小山坐在电脑前,准备全身心投入工作时,总会被各种琐事所吸引——刷一会儿社交媒体,看一集未完的电视剧,或是与朋友闲聊几句。

这些看似微不足道的消遣,却如同黑洞一般,无情地吞噬着他的时间与精力。原本计划好的开发进度不断推迟,市场调研报告也迟迟未能完成。每

## 第三章 克己，清除鞋中的小沙粒

当夜深人静，小山总会懊悔不已，暗暗发誓明天一定要加倍努力。但到了第二天，相同的场景却再次上演。

几个月过去了，市场上已经出现了几款类似的 APP，并且凭借先发优势迅速积累了用户。而小山的项目，却依旧停留在初期的概念设计阶段，连一个像样的原型都尚未完成。投资者的兴趣逐渐消减，合作伙伴也开始质疑他的执行力。面对这重重压力，小山感受到了前所未有的挫败。

其实，不仅是像小山这样的普通人，就连名人也会陷入拖延的困境。作家郁达夫就经常立志，接着又频频毁志。

有一次，郁达夫在日记中写道："明天早晨可以写 5000 字，晚上可写 5000 字，大约在三日内，一定可以把 2 万字一篇的小说做成。"但接下来的一段时间，他竟一个字都没写。

英国哲学家卡莱尔曾说："人们的行动是唯一能够反映出人们精神面貌的镜子。"面对事情的行动能力，折射出人们看待问题的态度。然而，很多人在想与做之间犹豫不决，最终败给了拖延。

要知道，人与人之间的差距并非输在能力上，而是输在了对时间的浪费上。把空余的时间都浪费在不相干的事情上，很多人觉得浪费点时间没什么大碍，但却未曾意识到，他们浪费的正是自己的未来。

法国作家雨果，曾答应为出版商写一本书。可他是个社交达人，每天忙着招待朋友。截止时间将至，他却一个字未写。出版商只好给他一个新的截止日期，并再三嘱咐他必须完成。

雨果深知自己总在拖延中徘徊，于是先是想了个奇葩的办法，把衣服脱光，让管家藏起来，只披着一条毯子写作。写着写着，他想出门，便东找西找把衣服找了出来，这个方法以失败告终。

后来，雨果又想出一个绝招，把头发和胡子各剃掉一半，这下没法出门了。最终，他顺利写出了《巴黎圣母院》。

○ 翻身

总地来说，合理规划时间的人，注定是会生活的人，也注定会成为人生的赢家。而一直浪费时间的人，他们的生活将会一团糟，人生的道路也必然充满坎坷。所以，我们要告别拖延，珍惜每一分每一秒，去创造属于自己的辉煌未来！

## 拒绝学习，机会来临也无法抓住

走出校园多年后，许多人逐渐淡忘了学习的重要性。在繁忙的工作与生活的双重压力下，应对挑剔的客户、陪伴孩子完成作业与游戏，甚至基本的休息时间都变得奢侈，似乎再也挤不出时间去学习。然而，现实往往会以严酷的方式提醒人们：停滞不前、故步自封，最终只会导致竞争力下滑，陷入困境。

成长是一个持续不断的学习过程，人们永远处于不断前行的道路上。正如中国古代哲学家荀子在《劝学》中所言："学不可以已"，强调了学习的持续性和必要性。

在 21 世纪初的商业环境中，柯达公司曾是摄影行业的领军者，其彩色胶卷几乎成为家庭摄影的代名词。然而，正是这家曾辉煌一时的企业，因拒绝学习新技术、拥抱数字化变革，最终走向了衰败，成为拒绝学习而导致落后的典型案例。

柯达的故事始于 1880 年，创始人乔治·伊士曼发明了第一台实用的便携式相机，并随后推出了著名的柯达胶卷。在接下来的几十年里，柯达凭借

## 第三章 克己，清除鞋中的小沙粒

其在胶片技术上的持续创新和强大的市场营销能力，逐渐占据了全球摄影市场的领先地位。然而，进入21世纪后，随着数字技术的迅猛发展，摄影行业经历了翻天覆地的变化。

面对这一趋势，许多竞争对手开始积极转型，投入数码相机和图像处理软件的研发，以满足消费者即时拍摄、即时分享的需求。然而，柯达却显得犹豫不决，过度依赖传统胶片业务的利润，忽视了数字技术的潜在威胁。尽管柯达内部也有声音呼吁进行数字化转型，但公司高层却迟迟未能做出决策，担心这会损害现有的胶卷业务。

这种对新技术的学习和接受能力的缺失，使柯达逐渐失去了市场先机。随着数码相机和智能手机的普及，人们越来越倾向于使用这些设备拍照并直接分享到社交媒体上，而不再需要烦琐的冲洗胶卷过程。柯达的传统胶片业务因此遭受重创，市场份额急剧下滑。

2012年，柯达不得不宣布破产重组，寻求生存之道。尽管后来柯达尝试通过出售专利、重组业务等方式进行自救，但已难以挽回其在市场中的领先地位。这个曾经辉煌一时的品牌，最终因拒绝学习新技术、拒绝拥抱数字化变革而走向了衰败。

柯达的故事向人们揭示了商业世界的一条重要法则：拒绝学习新技术、忽视市场变化将导致企业落后甚至被淘汰。只有保持敏锐的市场洞察力，不断学习新知识、新技术，积极适应市场变化，才能在激烈的竞争中立于不败之地。

停止学习意味着人们的认知将停滞在过去的阶段，无法跟上时代的发展和进步。技术、知识和观念都在不断更新，如果人们不持续学习，就会错失掌握新知识的机会，从而限制自身的成长和发展。

停止学习还意味着放弃了获取新知识和技能的机会。这样，人们将无法适应快速变化的社会环境和与时俱进的行业需求，从而面临被淘汰的风险。

○ 翻身

退步不前不仅限制了个人的职业发展,也影响到人们在生活中的各个方面。

停止学习更意味着失去了提升自身价值的机会。在竞争激烈的社会中,只有不断学习和提升,我们才能保持竞争力,获得更好的职业机会和待遇。如果我们停滞不前,就可能被他人超越,成为被动的从属者。

古人尚且明白需要保持不断学习的道理,更何况在这个日新月异的社会中,学习的意义更加重大。学习是让自己拥有更多筹码和选择权的途径,是一项稳赚不赔的投资。你可以选择拒绝学习,但你的竞争对手不会。当别人都在拼命努力时,你选择躺平,那么你又有何资格抱怨别人过得比你好呢?

## 失去梦想,永远失去翻身的机会

在人生的漫长征途中,梦想犹如夜空中最璀璨的星辰,为每个人指明前行的道路。它不仅是心灵的灯塔,更是驱动人们不断自我超越、追求卓越的核心动力。然而,一旦梦想的光芒逐渐消逝,甚至完全熄灭,个人的生命轨迹也将随之发生深刻变革。

在小镇的一隅,张鸣曾是一位备受瞩目的年轻画家。他的画布上总是跃动着生命的色彩,每一笔都蕴含着他对世界的独特见解和无限憧憬。他的作品如同梦幻般的窗口,让观者得以窥见一个充满奇迹与可能性的世界。然而,随着时间的推移,张鸣逐渐失去了对绘画的热爱与执着,他的梦想之光也随之黯淡,最终滑向了失败的深渊。

起初,张鸣对绘画充满了无尽的热情。每天,他都会沉浸在自己的小世

## 第三章　克己，清除鞋中的小沙粒

界里，用画笔与色彩构建出一个个令人惊叹的场景。他的作品不仅赢得了家人的赞赏，更在小镇的艺术展览中屡获殊荣。那时的他，仿佛站在了梦想的巅峰，整个世界都在为他喝彩。

然而，好景不长。随着生活压力的逐渐增大，张鸣开始感受到前所未有的挑战。他不得不为生计奔波，曾经的梦想与热爱似乎变得遥不可及。为了赚钱，他开始接受各种商业订单，绘制那些并非出自内心的作品。这些作品虽然为他带来了经济上的回报，但却让他的创作灵感逐渐枯竭。

渐渐地，张鸣发现自己对绘画的热爱正在逐渐消失。每当他拿起画笔，心中不再涌起那股创作的冲动，取而代之的是无尽的疲惫与迷茫。他开始质疑自己的才能，甚至怀疑自己是否还有继续画下去的必要。

随着时间的推移，张鸣彻底放弃了绘画。他的画布上布满了灰尘，画笔也早已干涸。他变得消沉、沮丧，仿佛失去了灵魂一般。曾经的朋友和崇拜者纷纷离他而去，他的生活陷入了前所未有的低谷。

失去梦想的张鸣，如同失去了方向的航船，在生活的海洋中随波逐流。他尝试过寻找新的方向，但却始终无法找回那份对绘画的热爱与执着。最终，他只能默默地承受着失败的苦果，独自品味着失去梦想的苦涩。

梦想，是人生的指南针，它为人们指明了前进的方向，赋予了人们无尽的动力和勇气。拥有梦想，人们才能在困境中坚持不懈，在挫折中勇往直前。梦想让人们看到了未来的可能性，激发了人们内心深处的潜能，促使人们不断超越自我，追求更高的目标。

一方面，梦想能够激发我们的潜能。每个人的内心深处都蕴藏着巨大的能量和潜力，而梦想正是那把开启这些潜能的钥匙。当我们拥有一个明确而坚定的梦想时，就会全力以赴地去追求它，不断挑战自己的极限，从而释放出前所未有的能量和创造力。

另一方面，梦想能够赋予我们动力。在追求梦想的过程中，我们会遇到

◐ 翻身

各种各样的困难和挑战。但正是这些挑战，让我们更加坚定了自己的信念和决心。我们知道，只有克服了这些困难，才能离梦想更近一步。这种对梦想的执着追求，会让我们在困境中保持积极向上的心态，不断向前迈进。

失去梦想，对于个人而言，无疑是一场灾难性的打击。它不仅会让人们的生命失去色彩和活力，还会让人们在人生的道路上迷失方向，失去翻身的机会。当人们不再拥有梦想时，人们就会失去前进的动力和目标。人们会对生活感到厌倦和无聊，对未来感到迷茫和不安。这种消极的情绪状态，会让人们陷入一种恶性循环中，越来越难以自拔。

另外，在快速变化的时代背景下，机遇稍纵即逝。而一个拥有梦想的人，会时刻保持敏锐的洞察力和判断力，抓住每一个可能的机会来实现自己的梦想。相反，一个失去梦想的人，则会因为缺乏目标和动力而错失这些机遇，让自己在竞争中处于劣势地位。

一个没有梦想的人生，就像一部没有情节的电影，让人无法产生共鸣和感动。人们会在日复一日地重复中感到厌倦和疲惫，对未来失去信心和期待。这种空洞和无意义的生活状态，会让人们感到痛苦和煎熬。

## 整日"春秋大梦"，天上不会掉馅饼

在人生的舞台上，每个人都是自身故事的主角，绘制着专属于自己的宏伟蓝图。然而，在这幅蓝图之中，有的人以勤奋为笔，汗水为墨，勾勒出一幅幅壮丽的图景；有的人却沉迷于虚无缥缈的幻想之中，日复一日地编

## 第三章 克己，清除鞋中的小沙粒

织着"春秋大梦"，却忽视了现实世界的核心法则——成功不会无缘无故地降临。

刘刚是一个生活在都市边缘的青年，自小便对成功抱有极高的幻想。他梦想着有朝一日能够一夜暴富，或是凭借某个突如其来的灵感跃居行业领袖，享受众人瞩目的生活。在他的认知里，成功似乎总是与机遇紧密相连，而他，只需静待那个"改变命运"的瞬间。

于是，刘刚的生活便成了一场无尽的等待与幻想的循环。他很少专注于眼前的工作和学习，总是幻想着下一个大项目、下一个大机遇的降临。每当夜深人静，他便会沉浸在自己编织的梦幻世界中，规划着如何利用那些尚未到来的资源，实现自己的宏伟蓝图。

然而，现实的残酷远超刘刚的幻想。随着时间的推移，他不仅没有等来所谓的"大机遇"，反而因为长期忽视实际能力的提升和积累，逐渐在职场上失去了竞争力。他的工作表现平平无奇，甚至多次面临被解雇的风险。而那些曾经被他视为囊中之物的机会，也一一被更加勤奋和有能力的人所把握。

最终，刘刚发现自己已深陷困境。他既没有实现自己的"春秋大梦"，也失去了重新开始的勇气和信心。他开始质疑自己的价值，甚至对生活产生了绝望的情绪。

刘刚的故事，是许多沉迷于幻想之人的真实写照。他们渴望成功，却不愿付出努力；他们梦想着美好的未来，却忽略了脚下的路。然而，现实是残酷的，它不会因为人们的幻想而改变。因此，破除幻想，正视现实，成为人们走向成功道路上不可或缺的一步。

幻想往往带有强烈的主观色彩和不切实际的成分，它使人们在自我构建的虚幻世界中迷失方向。而当人们勇敢地走出这个世界，面对真实的自我时，才能更加准确地找到自己的定位和价值所在。

◐ 翻身

在幻想的世界里，人们总是期待着更好的未来和更大的成功。然而，当真正拥有这些时，却往往会因为不满足而忽略它们的价值。

要打破幻想、走向现实，并非一蹴而就的事情。它需要人们付出持久的努力和坚定的决心。

不要将目标设定得过于遥远和模糊，而是要根据自己的实际情况和能力水平，制定具体、可衡量、可达成的小目标。这样既能激发人们的动力，又能让人们在实现目标的过程中不断积累经验和信心。

成功往往属于那些能够持之以恒、不断努力的人。因此，我们需要培养自律和坚持的习惯，让自己在面对困难和挑战时能够保持冷静和坚定。通过制定计划和时间表、设定奖惩机制等方式来督促自己不断前进。

总之，整日沉迷于"春秋大梦"只会使人们在虚幻的世界中越陷越深，而"天上不会掉馅饼"则是现实世界的铁律。只有勇敢地走出幻想的世界、正视现实、付出努力，才能真正实现自己的梦想和价值。

# 第四章
# 吸引，让更多的人为己所用

## 永远保持成功状态

西方有句谚语："你可先装扮成'成功者的模样'，直至你真正成为'成功者'。"此语道出了一个真谛：欲吸引他人、让他人跟随自己成就一番事业，自己必先具备成功者的气质。

詹华自幼在学业上便展现出非凡天赋，无论是数学、物理还是文学，他皆能轻松驾驭，成绩斐然。然而，尽管他才华横溢，职业生涯却屡遭挫折，合作邀请更是寥寥。究其根源，实乃其工作态度与生活状态所致。

尽管才华横溢，詹华却常给人一种萎靡不振之感，眼神缺乏光彩，语气中透露出无奈与疲惫。在团队讨论中，他常显得心不在焉，对新项目与挑战缺乏热情与动力，这样的状态自然令潜在合作伙伴望而却步。

一次，某知名企业向詹华抛出合作橄榄枝，邀其加入一重要研发项目。然而，初次会面中，詹华的表现却令人失望。他迟到十分钟，衣着随意，眼

## 翻身

神迷离，似对合作并不在意。尽管其技术回答准确无误，但整个过程中缺乏自信与热情，给人一种"勉强应付"之感。最终，该企业选择了另一位同样有才华但状态更积极的候选人。

此次经历对詹华而言，无疑是一次沉重打击。他开始反思自身问题，意识到即便拥有再高才华，若总是以一种萎靡不振的状态示人，也难以赢得他人信任与合作机会。

在人生舞台上，人们常会发现，那些能持续展现成功状态的人，身边总是聚集着一群愿意跟随他们、与他们并肩作战的伙伴。这一现象并非偶然，其背后蕴含着深刻逻辑与人性规律。

成功状态不仅是对个人成就的肯定，更是一种内在力量的外化表现。它代表着自信、坚韧、乐观与热情，这些品质如同磁石一般，吸引着周围人的目光与心灵。人们倾向于相信，与这样的人同行，能够共享其成功经验，汲取其正能量，从而在人生旅途中走得更远、更稳。

保持成功状态的人，他们对待挑战的态度、处理问题的智慧以及面对困境的从容，都成为他人学习的榜样。跟随这样的人，意味着能在不断学习与成长中提升自己的能力与境界。而对于潜在合作伙伴而言，一个始终保持在成功状态的人，无疑是一个值得信赖与依靠的盟友。他们的稳定发挥与积极态度，为合作关系的稳固与长远发展提供了坚实保障。

在这个竞争激烈的社会中，唯有让人看到自己成功的形象，才能吸引他人关注与认可，进而获得更多机会与资源，推动自己走向更大的成功。

那么，如何在日常生活中保持这种吸引他人的成功状态呢？答案在于三个关键词：自信、乐观与热情。

首先，要永远保持自信。自信是成功者的第一张名片，它不仅是对自我能力的认可，更是一种敢于面对任何挑战、不轻易言败的精神风貌。一个自信的人能在逆境中看到机遇，在失败中汲取教训。他们的每一个动作、每一句话语都透露出一种不可言喻的魅力，让人不由自主地想要靠近并跟随他们。

其次，要永远保持乐观。乐观是心灵的阳光，能穿透云层照亮前行道路。一个乐观的人总能在最艰难时刻找到希望光芒。他们的笑容与积极态度就像一剂强心针，给予周围人无限力量与勇气。乐观让合作更加顺畅，也让团队在风雨中更加团结。

最后，要永远保持热情。热情是成功的燃料，它让人不知疲倦地追求梦想。即使面对重复与枯燥，也能从中找到乐趣与价值。一个充满热情的人，他的每一个想法、每一次尝试都仿佛带着火花，能点燃他人的激情，共同创造出不可思议的奇迹。

## 化解别人对自己的嫉妒之心

在人类复杂的情感世界中，嫉妒心是一种极为常见却又常常被人们忽视其负面影响的情绪。它如影随形，潜伏在人们生活的各个角落，影响着人们的人际关系、自我认知以及人生的走向。

嫉妒心，往往在比较中悄然滋生。当人们看到他人拥有人们所渴望的东西时，无论是财富、美貌、才华还是成功，那一丝嫉妒的火苗便可能被点燃。人们会不自觉地将自己与他人进行对比，一旦觉得自己在某方面处于劣势，嫉妒之心便开始作祟。

比如，看到同事因出色的工作表现获得晋升，而自己却在原地踏步，心

◎ 翻身

中可能会涌起一股难以名状的嫉妒；看到身边的朋友拥有幸福美满的家庭，而自己的感情生活却不尽如人意，嫉妒的情绪也可能悄然爬上心头。

汉朝大哲学家王充在《论衡》中写道："古贤美极，无以卫身……立贤洁之迹，毁谤之尘安得不生？弦者思折伯牙之指，御者愿摧王良之手。何则？欲专良善之名，恶彼之胜己也。是故魏女色艳，郑袖劓之；朝吴忠贞，无忌逐之。"

这段话的意思是，古代贤人操行极高，也无法来保全自己……贤良的事迹显露，怎能不产生毁谤呢？因此，弹琴的人想折断伯牙的手指，驾车马的人希望摧残王良的手。为什么呢？这是因为想独占优秀的名声，憎恨那些胜过自己的人。所以，魏女长得美丽漂亮，就被郑袖用谗言割掉了鼻子；朝吴对楚王的忠贞，就引起无忌的嫉恨而被驱逐。

嫉妒心古来有之，而且危害巨大，那么人们应该如何化解别人对自己的嫉妒之心呢？要化解别人对自己的嫉妒之心，首先需要理解嫉妒者的心理。每个人都有自己的弱点和不安全感，当他们看到别人在某些方面超越自己时，这些弱点和不安全感就可能被触发。

也许嫉妒你的人正在经历一段困难的时期，他们可能在工作上遇到了挫折，生活中面临着压力，或者在自我认知上存在困惑。在这种情况下，他们更容易对他人的成功产生嫉妒。

理解并不意味着认同嫉妒者的行为，但它可以让人们以更加平和的心态去面对他们的情绪。当人们能够站在对方的角度去思考问题时，就更容易找到化解嫉妒的方法。

宽容是化解嫉妒的良药。当别人对人们心怀嫉妒时，人们可以选择以宽容的心态去回应，而不是以牙还牙。宽容并不意味着软弱，而是一种强大的力量。它体现了人们的大度和自信，让嫉妒者感受到人们的胸怀和格局。当人们宽容地对待嫉妒者时，他们可能会因为人们的态度而感到羞愧，从而反思自己的行为。

当嫉妒者向人们表达他们的不满或嫉妒之情时，人们不要急于反驳或辩解，而是要认真倾听他们的话。让他们感受到人们在乎他们的感受，愿意与他们沟通。通过倾听，人们也可以更好地了解他们的心理需求，为化解嫉妒找到突破口。

每个人都有自己的优点和长处，嫉妒者也不例外。人们可以在适当的时候肯定嫉妒者的优点，让他们知道自己也是有价值的。这样可以增强他们的自信心，减少他们对人们的嫉妒。

如果嫉妒者是因为人们在某些方面的成功而嫉妒人们，人们可以主动分享自己的经验和方法。让他们知道成功并不是偶然的，而是通过努力和付出得来的。这样可以激发他们的积极性，让他们也有机会去追求自己的成功。

如果嫉妒者在某些方面需要帮助，人们可以主动伸出援手，帮助他们成长。这样可以让他们感受到人们的善意和关心，减少他们对人们的嫉妒。

## 让陌生人信服你的三大方法

望梅止渴这个大家都熟悉吧，这个成语出自历史上著名的枭雄曹操。

在风云变幻的东汉末年，曹操率领着他的部队踏上了攻打宛城的征程。这一路，部队经历着长途跋涉的艰难考验，而更为棘手的是，他们始终找不到取水之处，士兵们个个口渴难耐，士气也在逐渐低落。

然而，曹操绝非等闲之辈。他深知在这关键时刻，必须采取果断措施以

## 翻身

稳定军心，确保行军不被耽误。于是，他抬手指向前面的一个小山包，大声说道："将士们，前方就有一大片梅林，那里结满了梅子，味道又甜又酸，足以用来解渴。"

曹操的话语如同黑暗中的一道曙光，瞬间点燃了士兵们的希望。他们仿佛看到了那满树的梅子，顿感口中生津，口渴之感似乎也减轻了不少。

这个成语真正让人铭记于心的，是曹操的"魅力"，一个谎言都能让人信服，这也是其日后能成为一代枭雄的原因。

能让他人迅速信服自己是一种能力，即便在现在社会，人们也常常需要和陌生人打交道并让其信服自己。从步入一个新的工作环境，面对陌生的同事和领导，到拓展业务时接触潜在的客户，人们不断地在与陌生人相遇。在这些场景中，若能迅速让陌生人信服自己，不仅可以为人们赢得尊重和机会，还能为后续的交流与合作奠定坚实的基础。

另外，只有让陌生人信服自己，才能让对方跟随自己、听从自己。在领导团队、推动项目进展或者影响他人的决策时，陌生人的支持和配合至关重要。如果人们无法让陌生人信服，那么人们的想法和计划就很难得到实施。

例如，一位创业者在寻求投资时，面对的大多是陌生的投资人。只有通过展示自己的商业计划的可行性、团队的实力以及自己的领导能力，才能让投资人信服并愿意投入资金。

那么，如何让陌生人信服自己呢？这里有三种方法。

其一，拥有强大的气场。气场并非与生俱来，而是可以通过后天的培养和修炼获得。

一方面，保持良好的外在形象是关键。穿着得体、整洁大方，不仅能给陌生人留下良好的第一印象，还能展现出你的专业素养和对他人的尊重。当你以自信的姿态出现在陌生人面前时，他们会感受到你的积极能量。

另一方面，坚定的眼神交流也能增强气场。与陌生人交谈时，敢于直视对方的眼睛，传递出你的真诚和自信。

同时，注意自己的肢体语言，保持挺胸抬头、放松自然的姿势，避免紧张不安的小动作。一个自信、沉稳的气场会让陌生人觉得你是一个可靠、有能力的人。

其二，让对方说"是"。在与陌生人交流时，巧妙地引导对方说出"是"，可以迅速建立起共鸣和认同感。从一开始，就可以提出一些对方容易认同的问题，比如"今天天气不错，对吧？"或者"大家都希望工作能够顺利进行，不是吗？"当对方连续回答几个"是"之后，他们的心理状态会逐渐倾向于认同你接下来的观点。

然后，再逐步引入你想要表达的核心内容，通过逻辑清晰、有理有据的阐述，让对方继续在关键问题上给予肯定的回答。

其三，让对方觉得自己最聪明。每个人都希望被认可和尊重，当你让陌生人觉得自己是最聪明的人时，他们会更愿意与你合作和交流。当对方提出一个好的观点时，真诚地表示赞赏，如"你的这个想法非常有创意，我怎么没想到呢？"通过这种方式，让对方感受到自己的价值和智慧，从而对你产生好感和信任。

要让陌生人信服自己，并不是一件容易的事情。这需要人们具备一定的沟通技巧、表达能力和人格魅力。

◐ 翻身

## 改变他人想法的六大妙方

人是社会性动物，人们的思想、行为无时无刻不在受着周围环境和他人的影响。在工作中，你可能需要说服同事采纳你的方案；在生活中，你可能希望家人理解并支持你的决定。这些场景，都涉及一个核心问题：如何有效地改变他人的想法，使之与你的目标或愿景相一致？

这里有六种方法。

第一种方法，指出他人的错误要委婉。直接指出他人的错误，往往容易引起对方的反感与抵触。相反，采用委婉的方式，先肯定对方的部分正确性或努力，再轻描淡写地引出需要改进之处，会更容易被接受。

比如，"你的报告做得非常详细，数据也很充实，如果能在结论部分加入一些具体的改进建议，可能会更加完善。"这样的表述，既表达了认可，也提出了建议，减少了冲突，增加了合作的可能性。

第二种方法，批评他人之前先谈自己的错误。在指出他人不足之前，先自我反省，分享自己类似的经历或错误，可以有效降低对方的防御心理。人们往往更容易接受那些愿意承认自身不足并寻求共同进步的人。

比如，"我记得我之前也犯过类似的错误，那次是因为我没有充分调研，导致决策失误。所以我觉得，如果人们这次能多做些市场调研，可能会避免重蹈覆辙。"这样的开场白，既展现了谦逊，也为接下来的讨论奠定了积极的基础。

第三种方法，提出问题而不是直接下达命令。直接下达命令往往会让对方感到被强迫，从而产生抵触情绪。而通过提出问题，可以引导对方自己思考问题的解决方案，从而更容易接受人们的观点。比如，在管理团队时，不要直接告诉员工应该怎么做，而是可以提出一些问题，如"你觉得这个问题怎么解决比较好呢？""如果人们这样做，会有什么后果呢？"通过这样的方式，激发员工的主动性和创造力，同时也让他们更容易接受人们的领导。

第四种方法，用真诚的赞赏开始谈话。每个人都渴望被认可和赞赏，在与他人交流时，以真诚的赞赏开始谈话，可以迅速拉近与对方的距离，为后续的沟通打下良好的基础。例如，在与客户谈判时，可以先称赞客户的公司在行业中的地位或者他们之前的成功案例，然后再引入自己的观点和建议。这样的方式可以让客户感到受到尊重，从而更愿意听取人们的意见。

第五种方法，说服要循序渐进。改变他人的想法不是一蹴而就的，需要耐心和策略。可以先从小处着手，逐步引导对方接受更大的改变。

比如，在推动一项新政策时，可以先从一些易于实施、影响较小的部分开始，让对方体验到改变带来的好处，再逐步深入，这样可以减少阻力，增加成功的几率。

第六种方法，要让对方能从中看到利益。人们往往更容易接受那些能给自己带来好处的改变。因此，在提出你的想法时，清晰地阐述对方能从中获得的利益，无论是职业发展、技能提升还是情感满足，都是至关重要的。

比如，"如果人们采用这个新方案，不仅能提高工作效率，还能让你有更多时间专注于自己感兴趣的项目，对你的职业发展大有裨益。"这样的表述，让对方看到改变带来的正面影响，自然更愿意接受。

改变他人想法，并非强加意志，而是一种智慧的交流，是寻求共识的过

◐ 翻身

程。它要求人们具备同理心，理解对方的立场与需求，同时，也需要人们有策略地表达，用事实和逻辑去说服，用情感和利益去触动。这不仅仅是一种技巧，更是一种修养，一种在尊重与理解的基础上，促进共同成长的能力。

## 五个让人喜欢你的秘诀

在高度竞争的社会环境中，个人的影响力往往决定了其事业的高度与宽度。让人喜欢你，意味着你拥有了更多的支持者、合作伙伴乃至忠实的客户。这种正面的情感连接，能够极大地促进信息的流通与资源的整合，为你的项目或创意赢得更多的关注与支持。

在职场上，良好的人际关系能够减少摩擦，提升团队协作效率，是项目成功的关键要素之一。而在个人层面，被人喜爱也意味着更高的社交满意度，它能增强自信心，减轻心理压力，为生活带来更多的快乐与满足感。

更深层次来看，让人喜欢你还能够促进个人品牌的塑造。在社交媒体与数字时代，个人形象与口碑成为了职业发展的重要资本。一个受人欢迎的人，其言论与行为更容易引发共鸣，形成正面传播效应，这对于提升个人知名度、吸引潜在合作伙伴或雇主具有不可估量的价值。

那么，如何才能让人喜欢你呢？以下有五个让人喜欢你的方法。

其一，能够尊重彼此的边界。在人际交往中，尊重他人的边界是至关重要的。每个人都有自己的私人空间、价值观和生活方式，人们必须学会尊重这些差异。当你与他人交往时，不要过度干涉他人的生活，不要强行推销自

## 第四章 吸引，让更多的人为己所用

己的观点或行为方式。比如，在与同事相处时，不要随意翻看他人的物品或打听他人的私人生活。在与朋友交往中，尊重他们的选择和决定，即使你不同意，也不要强行干涉。

这种尊重不仅体现在行为上，还体现在言语上。避免使用冒犯性的语言或做出不恰当的评论，保持礼貌和谦逊的态度。

其二，情绪稳定的人往往更容易让人喜欢。在生活和工作中，我们会遇到各种各样的挑战和压力，如果不能控制自己的情绪，很容易让他人感到不安和困扰。一个情绪稳定的人能够在面对困难和挫折时保持冷静，不会轻易发脾气或陷入焦虑。他们能够以平和的心态去解决问题，给人一种可靠、值得信赖的感觉。

比如，在工作中遇到紧急情况时，情绪稳定的人不会惊慌失措，而是会迅速分析问题，采取有效的措施来解决问题。在与他人发生冲突时，他们也能够控制自己的情绪，以理性的方式进行沟通和协商，避免矛盾的升级。

只有当人们拥有稳定的情绪，才能给他人带来积极的影响，让他人愿意与人们相处。

其三，给予他人由衷的认可。每个人都渴望被认可和赞美，当你给予他人由衷的认可时，他们会感受到自己的价值和重要性，从而对你产生好感。

认可不仅仅是表面上的赞美，更是对他人努力和成就的真正欣赏。在与他人交往中，要善于发现他人的优点和长处，并及时给予肯定和赞美。比如，当朋友取得了进步时，你可以给予鼓励和支持："我为你感到骄傲！你的努力终于得到了回报。"这种由衷的认可会让他人感到温暖和鼓舞，增强他们的自信心和动力。

其四，站在他人的角度考虑问题。在与他人交往中，不要只考虑自己的利益和感受，要尝试理解他人的立场和观点。

◐ 翻身

比如，在与客户沟通时，要了解他们的需求和期望，为他们提供个性化的解决方案。在与同事合作时，要考虑到他们的工作压力和困难，给予支持和帮助。

当你能够站在他人的角度考虑问题时，他人会感受到你的关心和体贴，从而对你产生好感。

其五，真心关注他人。当你真心关注他人时，他们会感受到你的真诚和善意，从而对你产生好感。

关注不仅仅是表面上的问候，更是对他人生活和工作的真正关心。比如，当朋友遇到困难时，要主动关心他们的情况，给予支持和帮助。

真心关注他人还体现在细节上。记住他人的生日、重要纪念日等，送上一份小礼物或祝福，会让他人感到特别温暖。

总之，让人喜欢是一种宝贵的品质，它能为人们的生活和工作带来诸多好处，人们可以在人际交往中更加得心应手，让更多的人喜欢与人们相处。

在生活中，人们可以不断地运用这些方法来提升自己的人缘。同时，我们也要认识到，让人喜欢是一个长期的过程，需要我们不断地努力和付出，不要期望一蹴而就，而是要持之以恒地践行这些方法。随着时间的推移，你会发现自己喜欢你的人越来越多。

## 不要轻易露出自己的底牌

在合作的广阔舞台上，每一步都充满了策略与智慧的碰撞。在这个舞台

## 第四章 吸引，让更多的人为己所用

上，"不要轻易露出自己的底牌"不仅是一句警世之言，更是维持自身优势地位的重要法则。

在复杂的人际关系和竞争环境中，无论是领导决策还是合作谈判，都要时刻保持清醒，谨慎守护自己的底牌，以免因泄露而陷入被动，甚至遭遇不可挽回的后果。

在商业世界和人际交往中，与合作者的互动至关重要，而"不要轻易露出自己的底牌"更是一条需要时刻谨记的原则。

当我们与他人合作时，保留一定的神秘感和不轻易亮出底牌，能够为合作关系带来诸多益处。一方面，它有助于维护自身在合作中的地位和影响力。如果过早地将自己的全部计划、资源和底线透露给合作者，可能会被对方利用，从而削弱自己在合作中的话语权。

另一方面，不露出底牌可以增加合作的稳定性和可持续性。在合作过程中，各种情况都可能发生变化，如果一开始就把所有底牌都亮出来，当出现意外情况时，就会缺乏应对的策略和回旋的余地。而保持一定的神秘，能够让合作者始终对你有所期待和敬畏，不敢轻易违背合作约定。

那么，如何做到不轻易露出底牌呢？

首先，要学会控制自己的情绪，以平和的心态面对各种情况。比如，在商业谈判中，即使对方提出了一些极具挑战性的要求，也不要立刻做出激烈的反应，而是要冷静地分析对方的意图和自己的利益所在，然后再做出恰当的回应。

其次，要学会模糊表达和委婉拒绝。当被问到一些敏感问题或者涉及自己的底牌时，可以采用模糊性的语言进行回答，既不明确肯定，也不明确否定。比如，当合作者询问你的成本底线时，你可以说："这个问题比较复杂，我们需要综合考虑各种因素才能确定。"这样的回答既没有透露具体的信息，又让对方知道你对这个问题是有思考的。

最后，不要把自己所掌握的全部信息都透露给合作者，而是有选择地分享一些对自己有利的信息，同时隐藏关键的部分。在合作过程中，可以逐步释放信息，引导合作朝着自己期望的方向发展。

总之，"不要轻易露出自己的底牌"是在与合作者交往中需要时刻牢记的原则。在这个充满竞争和挑战的时代，学会隐藏自己的底牌，是一种智慧和策略，也是实现成功合作的关键之一。

## 不要好为人师，没人喜欢听大道理

在各种关系中，人们常常渴望与他人建立良好的合作，共同开拓事业、追求目标。然而，如果人们总是以一种好为人师的姿态出现，往往会适得其反。

一个人好为人师结果引起周围人的厌恶而不再跟他一起开拓事业的案例在生活中并不少见。

张先生是一位在科技领域有着丰富经验的创业者，他曾成功创办并运营了一家初创公司，因此，当他决定再次出发，开拓新的业务领域时，他信心满满，认为自己拥有足够的智慧与经验来引领团队走向成功。然而，这次他的旅程并不顺利。

张先生在团队中扮演着近乎"导师"的角色，每当团队成员提出想法或方案时，他总是第一时间指出其中的不足，并提出自己的"正确"见解。起

## 第四章 吸引，让更多的人为己所用

初，团队成员因为他的专业背景和经验而表示尊重，但随着时间的推移，这种持续的"教导"开始让人感到压抑和挫败。创新的氛围被压抑，团队成员的积极性与创造力逐渐消退，最终，几位核心成员选择离开，寻找一个更能鼓励自由思考与创新的环境。张先生的新项目也因此陷入了停滞。

好为人师为什么不招人喜欢呢？

首先，好为人师会给人一种傲慢和自负的感觉。当一个人总是以老师的姿态出现，认为自己的观点和方法是唯一正确的，就会让他人觉得这个人缺乏谦逊和包容。在合作中，人们更愿意与那些能够平等交流、尊重他人意见的人合作，而不是与一个自视甚高的人共事。

其次，好为人师容易让人产生抵触情绪。每个人都有自己的思考方式和价值观，当别人强行将自己的观点强加给人们时，人们会本能地产生反抗心理。这种反抗不仅会影响到双方的关系，还会阻碍合作的顺利进行。

最后，好为人师往往忽略了他人的需求和感受。在合作中，人们应该关注他人的需求，共同寻找解决问题的方法。而好为人师的人往往只关注自己的想法和目标，忽视了他人的利益和感受，这样的人很难赢得他人的信任和支持。

好为人师意味着过度地以自己的观点和经验去指导他人，而忽略了他人的感受和需求。这种行为容易让人产生压迫感和抵触情绪，使得他人不愿意与人们亲近和合作。那么，如何避免不好为人师呢？

一方面，要保持谦逊的态度。谦逊是一种美德，它能够让人们更加尊重他人，倾听他人的意见和建议。在与他人交流时，人们要认识到自己的局限性，不要过分自信地认为自己的观点是绝对正确的。人们可以以一种开放的心态去接纳不同的观点和方法，从中学习和成长。

另一方面，要尊重他人的选择和决定。每个人都有自己的人生轨迹和

● **翻身**

决策能力，人们应该尊重他人的选择和决定，不要强行干涉他人的生活和工作。在合作中，人们可以提供建议和支持，但最终的决策应该由当事人自己做出。只有当人们尊重他人的选择和决定时，才能赢得他人的信任和尊重。

# 第五章
# 人脉，能人相助更快一步

## 人脉，人们只需要这六类人

在当今社会，人脉的价值愈发凸显，它犹如一座无形的桥梁，连接着机遇、成功与个人成长。

人脉的重要性不言而喻。在职业发展的道路上，广泛而优质的人脉可以为人们打开无数扇门。拥有强大的人脉网络，意味着人们能够接触到更多的职业机会。当人们在寻找新的工作岗位时，人脉可以提供内部推荐，让人们在竞争激烈的求职市场中脱颖而出。

例如，一位专业人士通过参加行业会议，结识了众多同行和潜在雇主，在某次公司职位空缺时，凭借人脉关系获得了内部推荐，顺利进入了一家理想的企业。

此外，人脉还能帮助人们获取宝贵的行业信息和最新趋势。与同行、专家交流，可以让人们及时了解市场动态、技术创新等重要资讯，为人们的决

◐ 翻身

策提供有力依据。

在创业领域，人脉更是至关重要。良好的人脉关系可以带来合作伙伴、投资者以及客户资源，为创业项目的成功奠定坚实基础。

然而，人脉并不是越多越好。尽管拥有庞大的人脉数量可能会让人在表面上看起来很有影响力，但实际上，过多的人脉如果没有得到有效的管理和维护，反而会成为一种负担。

一方面，过多的人脉会分散人们的精力。维护人脉关系需要投入时间和精力，当人们试图与过多的人保持联系时，可能会感到力不从心，无法深入了解每一个人，也难以建立起真正有价值的关系。

另一方面，过多的人脉可能会降低关系的质量。在追求数量的过程中，人们可能会与一些并不真正适合自己的人建立联系，这些关系往往只是表面上的，缺乏深度和信任。例如，有些人在社交场合中热衷于收集名片、添加微信好友，但实际上与这些人并没有真正的交流和互动，这样的人脉关系在关键时刻往往无法发挥作用。

实际上，一个人只需要六种类型的人脉就行。

其一，导师型人脉。这类人脉通常是经验丰富、在我们所追求领域有深厚造诣的人。他们能够提供宝贵的指导和建议，帮助我们规划职业路径，避免走弯路。与导师型人脉保持定期沟通，向他们请教行业内的最佳实践和策略，将对人们的职业发展大有裨益。他们的经验和智慧是人们成长道路上的宝贵财富。

其二，影响力型人脉。这类人脉是指那些在组织或行业中拥有正式权力和影响力的人。他们可能是上司、领导或行业内的权威人士。与这类人脉建立良好的关系，可以让我们更容易获得重要的职业机会和资源。他们的推荐和引荐往往能够在我们的职业生涯中起到关键的作用。

其三，合作伙伴型人脉。合作伙伴是我们职业生涯中的战友和盟友。他们与我们有着共同的目标和利益，愿意与我们携手合作，共同实现双赢。与合作伙伴型人脉保持紧密的合作关系，可以让我们在项目中获得更多的支持和资源，共同应对挑战，实现更大的成功。

其四，跨界型人脉。跨界人脉是指那些来自不同行业或领域，但与我们有着共同兴趣或目标的人。他们能够提供新颖的视角和创意，帮助我们拓宽思维，发现新的机会。跨界合作往往能创造出意想不到的价值，为我们的职业生涯增添一抹亮色。与跨界型人脉保持联系，可以让我们不断吸收新的知识和想法，保持创新的活力。

其五，资源型人脉。这类人脉拥有我们所需要的特定资源，如资金、技术、市场渠道等。与他们建立联系，可以在我们需要时迅速获得支持，加速项目的推进或解决燃眉之急。资源型人脉的维护需要基于互惠原则，确保双方都能在合作中受益。通过与他们建立长期的合作关系，我们可以更容易地获得所需的资源，推动事业的发展。

其六，兴趣爱好型人脉。这类人脉是指那些与我们有着共同兴趣爱好的人。虽然他们可能不直接与我们的职业相关，但与他们建立联系可以为我们提供情感上的支持和放松的空间。在工作之余，与兴趣爱好型人脉一起分享快乐、放松身心，可以让我们更加充实和满足。同时，他们也可能在意想不到的时候为我们带来新的机会和灵感。

一个精心构建的人脉网络，包含这六种类型的人脉，足以应对职场中的各种挑战和机遇。与其盲目追求人脉的数量，不如专注于提升人脉的质量和多样性。通过定期维护这些关键关系，我们将能够在职业生涯中不断获得成长和支持，实现个人和职业的双重成功。

○ 翻身

## 认识谁不重要，重要的是被认可

在人生的广阔舞台上，"人脉就是资源"这一论断常常被人们提及，似乎只要拥有广泛的人脉网络，成功的大门便会轻易敞开。然而，当人们深入探究时便会发现，人脉的真正价值绝非仅仅在于认识的人数多寡，关键在于你在他人心中究竟占据多少分量，也就是你是否真正被认可。

这种认可，乃是基于你的能力、品格、价值观以及对他人的贡献所逐步累积起来的信任与尊重。

丁西是一位热衷于社交的青年才俊，积极参加各种高端聚会和行业论坛，凭借自身的热情与努力，成功结识了众多业界知名人士。在他的社交媒体上，时常能看到他与各界精英的合影，乍一看人脉广泛，着实令人羡慕。

然而，当丁西所在的公司面临重大项目危机，急需某行业领袖的支持与合作时，他满怀信心地联系了几位平时看似关系不错的知名人物，期望能得到他们的援手。可结果却出乎意料，这些人物要么以忙碌为由婉拒，要么只是敷衍了事，并未给予实质性的帮助。

此时，丁西方才意识到，尽管自己认识了许多人，但在这些人心中，他并未建立起足够的认可度和信任感。因此，在关键时刻，他无法调动这些所谓的人脉资源。

从丁西的经历可以看出，被认可，无疑是人脉构建的核心要素之一。它不仅是个人价值的有力体现，更是建立长期、稳定、互利关系的坚实基础。一个被认可的人，通常具备以下几个鲜明特点：

首先，专业能力过硬。在自己的领域内拥有扎实的专业知识和丰富的实践经验，能够为他人提供切实的帮助。在当今竞争激烈的商业环境中，专业能力是赢得他人尊重和信任的重要基石。只有具备过硬的专业能力，才能在人脉网络中占据一席之地。

其次，品格高尚。诚实守信、正直无私、乐于助人，这些品质能够赢得他人的尊重和信赖。一个人的品格决定了他在人际关系中的地位，高尚的品格能够吸引更多志同道合的人，共同构建起稳固的人脉关系。

最后，价值观契合。与他人有共同的理念和追求，能够在思想上产生共鸣和认同。当人们在价值观上相互契合时，更容易建立起深厚的情感连接，从而形成强大的人脉网络。

当这些特质在你身上得到充分体现时，你自然会吸引更多志同道合的人。他们愿意与你建立深厚的关系，并在你需要时毫不犹豫地伸出援手。因为被认可，你的人脉网络将不再是一份冷冰冰的名单，而是一个充满温情和力量的支持体系。

那么，如何才能提升自己在他人心中的认可度呢？

其一，提升自我能力。不断学习新知识、新技能，提升自己的专业素养和综合能力。只有当你具备足够的能力时，才能为他人提供有价值的帮助和支持，从而赢得他人的认可。

其二，展现良好品格。诚实守信、尊重他人、乐于助人。这些看似简单的品质，却是建立良好人际关系不可或缺的基石。通过你的言行举止，让他人感受到你的真诚和善良，从而愿意与你建立更深的联系。

其三，寻找共同点。在与人交往时，尝试寻找彼此之间的共同点，如兴趣爱好、职业背景、人生经历等。这些共同点能够拉近你们之间的距离，让

◐ 翻身

你们更容易产生共鸣和认同。

其四,保持真诚沟通。建立人脉的过程中,真诚沟通至关重要。不要为了结交而结交,而是要用心去了解对方、关心对方。通过真诚的交流,让对方感受到你的诚意和热情,从而建立起更加紧密和稳固的关系。

## 人脉广泛的人,都具有八大素养

在当今这个信息爆炸、竞争激烈的社会中,人脉的重要性愈发凸显。它不仅关乎个人的职业发展,还深刻影响着生活的多个层面。一个拥有广泛人脉的人,往往能在关键时刻获得更多资源与机会,无论是寻找合作伙伴、拓展业务,还是解决生活中的难题,都能游刃有余。

胡雪岩,晚清时期的著名商人,以其广泛的人脉和卓越的商业智慧著称。在一次钱庄遭遇挤兑危机时,大量储户前来提款,资金压力巨大。胡雪岩没有选择逃避,而是迅速利用自己的人脉关系,向政府和其他商界大佬求助。他不仅亲自出面安抚储户情绪,还组织团队核查账目、调配资金,最终成功化解了危机。胡雪岩的人脉网络不仅帮助他渡过了难关,还进一步巩固了他在商界的地位。

徐润,近代中国著名的茶商和地产商,其在商业领域的成功也得益于广泛的人脉。在中法战争期间,徐润的房地产业务遭受重创。然而,他凭借多年积累的人脉资源,迅速筹集资金,并在上海、天津等地继续购地建房,通过炒卖地产获利颇丰。徐润的人脉不仅帮助他在危机中稳住了阵脚,还为他开辟了新的商业机会，使他最终成为华商中的"地产大王"。而人脉广泛的人都具有的八大素养，更是他们在人际交往的海洋中乘风破浪的利器。

那么，究竟一个人如何才能够拥有广泛且优质的人脉呢？一般而言，那些人脉广泛之人通常都具备以下八大素养。

其一，换位思考。换位思考，是人脉广泛者的核心素养之一。他们擅长从他人的角度审视问题，理解他人的需求与感受，这种能力让他们在交流中总能找到共鸣点，建立起深厚的信任。在商业谈判、团队合作乃至日常交往中，换位思考都是化解矛盾、促进合作的不二法门。

其二，为人低调不张扬。真正人脉广泛的人，往往行事低调，不炫耀自己的成就与资源。他们深知，过度的自我展示容易引起他人的反感与戒备，而谦逊的态度则能吸引更多愿意与之交往的人。低调不仅是一种自我保护，更是一种智慧，它让人际关系更加和谐，也为未来的合作埋下伏笔。

其三，做人有良心。良心，是衡量一个人品德的重要标准。对于人脉广泛的人来说，无论是对待朋友还是合作伙伴，都坚持诚实守信、公平正义的原则。他们明白，长期的合作关系建立在相互尊重与信任的基础上，任何背信弃义的行为都将摧毁这份宝贵的信任，因此，他们总是选择做正确的事，哪怕这意味着暂时的牺牲。

其四，做事有良知。做事有良知，意味着在追求目标的同时，不忘社会责任与道德底线。人脉广泛的人在行动前，会深思熟虑其行为对社会、对环境、对他人的影响，力求在成功与道德之间找到平衡点。这种高度的社会责任感，不仅赢得了他人的尊重，也为他们树立了良好的公众形象。

其五，乐于助人不求回报。乐于助人，是人脉广泛者的共同特征。他们乐于分享自己的知识、经验与资源，帮助他人解决问题，且往往不求即时回报。这种无私的行为，虽然看似简单，却能在无形中积累起巨大的人脉资本。因为，当别人感受到你的善意与帮助时，自然会心生感激，愿意在未来的某个时刻回馈于你。

其六，待上以敬。无论对方地位高低，人脉广泛的人都懂得尊重他人。他们明白，每个人都有其独特的价值与贡献，因此，即便是面对上级或权威人物，也能保持谦逊与尊重，这种态度让他们赢得了广泛的尊重与支持。同时，他们也懂得适时表达自己的想法与建议，展现出专业与自信。

其七，待下以宽。与待上以敬相对应，人脉广泛的人在对待下属或地位较低的人时，展现出宽容与理解。他们懂得倾听，愿意给予成长的机会，而不是一味苛责。这种宽容的领导风格，激发了团队的创造力与凝聚力，也让更多人愿意跟随并信赖他们。

其八，言出则必行。诚信，是人脉广泛者的金字招牌。他们深知，承诺一旦做出，就必须全力以赴去实现。言出必行，不仅是对他人的尊重，也是对自己信誉的坚守。在长期的人际交往中，这种可靠的形象成为他们最宝贵的财富，吸引着更多志同道合的伙伴。

综上所述，人脉广泛并非偶然，而是多方面素养综合作用的结果。换位思考、低调行事、坚守良心与良知、乐于助人、尊重他人、宽容待人以及言出必行，这些素养共同构成了一个人脉广泛者的内在魅力。它们不仅帮助个体在职场与生活中游刃有余，更是实现个人价值与社会贡献的重要基石。在这个快速变化的时代，培养并践行这些素养，无疑将为每个人开启更加宽广的人生舞台。

## 清醒点，你没有人脉的五大原因

在当今社会，人脉的重要性不言而喻。拥有良好的人脉关系，往往能够为个人的发展带来诸多机遇和优势。然而，并非每个人都能拥有广泛而优质的人脉。一个人没有良好人脉时，可能会遇到各种窘境。

那么，为什么有些人人脉广泛，而有的人会没有人脉呢？主要有以下五大原因：

其一，只知道索取不想付出。

这种人在人际交往中，总是想着从别人那里得到好处，而不愿意付出自己的时间、精力和资源。他们把人脉关系看作一种单向的利益获取渠道，只关注自己的需求，而忽视了别人的感受和需求。

例如，在社交场合中，他们只想着结识对自己有用的人，而不愿意主动与他人交流和分享。当别人需要帮助时，他们往往找各种借口推脱，不愿意伸出援手。这样的人，很难赢得他人的信任和好感，自然也无法建立起良好的人脉关系。

要建立良好的人脉关系，必须学会付出。在人际交往中，要主动关心他人，帮助他人解决问题，分享自己的资源和经验。只有当你为别人付出时，别人才会愿意为你付出，从而建立起相互支持、互利共赢的人脉关系。

其二，怕"麻烦"他人，错失连接机会。

## ◐ 翻身

有些人出于对他人的尊重或是对自己能力的不自信，往往避免向他人求助或提出合作，担心自己的行为会给对方带来"麻烦"。这种心态虽然体现了对他人的体谅，却也无形中关闭了建立人脉的大门。实际上，适度的求助和合作请求是增进了解和信任的重要途径。

要打破这一障碍，需要学会适时地表达自己的需求，并清楚地说明为何认为对方是能提供帮助的最佳人选。同时，也要准备好回馈，让对方感受到合作的价值。记住，合理的请求往往被视为信任和尊重的表现，而非负担。

其三，害怕权威，被看不起，不敢结交。

面对地位或成就高于自己的人，一些人可能会因为自卑或恐惧而不敢主动结交。他们担心自己的背景或能力不足以引起对方的注意，甚至可能被轻视。这种心态不仅限制了人脉的拓展，也妨碍了个人成长和学习的机会。

要克服这种心理障碍，首先需要认识到，每个人都有其独特的价值和潜力，无论当前处于何种位置。其次，要学会欣赏并学习他人的优点，而不是将其视为不可逾越的障碍。最后，勇敢迈出第一步，即使是简单的问候或请教，也是建立联系的开始。

其四，为人做事太圆滑，缺乏真诚。

在追求人脉的过程中，有些人可能会采取过于圆滑或策略性的行为，试图通过表面的客气和奉承来赢得他人的好感。然而，这种缺乏真诚的做法往往难以建立深层次的关系，甚至可能让人产生反感。

真诚是人际关系的基石。要构建稳固的人脉，需要展现真实的自我，包括个人的兴趣、观点和情感。同时，也要学会尊重他人的差异，用开放和包容的态度去理解和接纳不同的意见和背景。

其五，不敢自我推荐，自我表现。

在竞争激烈的环境中，自我推荐和自我表现被视为争取机会的关键。然而，很多人却因为害怕被拒绝、显得过于张扬或是担心给他人留下不好的印象而选择沉默。这种保守的态度虽然看似谦逊，却也可能让人错失展现才华和建立人脉的宝贵机会。

要克服这一障碍，首先需要培养自信心，相信自己的价值和能力。其次，学会适时、适度地展示自己的成就、想法和潜力，让他人看到并认可你的价值。同时，也要学会从反馈中学习，不断改进自我推荐的方式和内容，使之更加自然和有说服力。

综上所述，没有人脉并非不可改变的命运，其背后隐藏着可以识别和克服的原因。通过转变心态、积极行动、培养真诚与自信，每个人都可以逐步构建起自己强大而有效的人脉网络。

记住，人脉的建设是一个长期且持续的过程，它需要时间、耐心和精心地维护。但一旦成功，它将成为你职业生涯中最宝贵的财富之一，为你开启无限可能的大门。

## 价值，人脉的核心

人脉犹如一张隐形的网，将各类资源、信息与机遇紧密相连。而谈及人脉的精髓，无不聚焦于一个核心词汇——价值。价值，不仅是商业交换的基石，更是人脉网络得以维系与拓展的灵魂所在。

现代商业合作跨越地域、行业乃至国界，追求的不仅仅是商品或服务的简单交易，更是长期稳定的合作关系。这种关系的构建，本质上源于对双方所能提供价值的认可。无论是技术、市场、品牌还是管理经验的交流，背后

## 翻身

都蕴含着对各自价值的深度挖掘与共享，每一方都为对方带来了不可或缺的价值。

电视剧《老中医》中，上海名医吴映雪，虽大半生与达官贵人交往密切，门诊大堂上挂满了与各界名流的合照，但他对人脉的理解却颇为肤浅。他热衷于炫耀自己的人脉，仿佛那些合照中的人物都能在他需要时为他解决一切难题。然而，现实却是他身陷囹圄时无人问津，最终家道中落，令人感慨万分。

吴映雪误以为一面之缘、合照留念即意味着能得到帮助，但实际上，他人的接纳也许只是出于个人涵养。若你的价值不足以成为对方伸出援手的筹码，便无法成为他摆脱困境的动力。

相比之下，古代商业名人胡雪岩的做法则截然不同。他在商业上的巨大成功，很大程度上得益于他广泛而深厚的人脉。胡雪岩善于结交各界人士，从官员到商人，从文人到侠客，但他的人脉并非仅凭交际手段获得，更重要的是他能够为他人提供实实在在的价值。

在商业活动中，胡雪岩凭借自己的聪明才智和诚信经营，为合作伙伴创造了可靠的商业机会和丰厚的利润。

同时，胡雪岩也善于利用自己的人脉资源为他人排忧解难，从而赢得了广泛的信任和支持。例如，当他的朋友遭遇资金困境时，他会毫不犹豫地提供资金支持；而当他自己需要帮助时，这些朋友也会全力以赴地回报他。

胡雪岩的故事深刻地告诉人们，人脉的建立需要有价值的支撑。只有当人们能够为他人提供价值时，才能真正拥有广泛而可靠的人脉网络。

人脉价值共分为三个层次：创造价值、共享价值和维护人脉价值。只有深刻理解并践行如何创造、共享和维护人脉价值，我们才能真正构建起强大而有意义的人脉网络。

创造人脉价值的关键在于不断提升自身的实力和素养。这需要我们不断学习新知识、新技能，以增强自己在专业领域的竞争力。当你成为某个领域的专家或能手时，自然能为他人提供有价值的见解和解决方案。例如，一位资深的财务顾问，凭借其丰富的财务知识和经验，能够为企业主提供精准的财务规划建议，这便是在创造人脉价值。

共享人脉价值则意味着将自己的资源、知识和机会无私地与他人分享。这样不仅能帮助他人成长，也能在分享的过程中加深彼此的关系，促进双方的共同进步。

维护人脉价值则需要持续地沟通和互动。人们应该定期与人脉伙伴保持联系，了解他们的近况和需求，及时提供帮助和支持。在沟通中，人们要保持真诚和尊重，用心倾听对方的意见和建议。只有这样，才能让人脉关系更加稳固和持久，为未来的合作与发展奠定坚实的基础。

## 搭建人脉，讲利益不如讲共情

人脉的构建一直是备受关注的话题。然而，在搭建人脉的过程中，究竟是讲利益还是讲共情，这是一个值得深入探讨的问题。

在当今社会，一种普遍的观点是通过利益交换来构建人脉关系。持这种观点的人认为，只要双方能够为对方提供利益，就可以建立起牢固的人脉关系。

然而，这种以利益为导向的人脉构建方式暗含风险。当利益发生冲突时，这种关系往往容易破裂，且缺乏深厚的情感连接和信任基石。相比之

◐ 翻身

下,强调共情能够构建更为深厚、持久的人脉关系。

共情,即深入理解他人的感受和需求,并给予真诚的关心和支持,是建立真正情感连接、赢得他人信任和尊重的关键,为人脉的稳固奠定基石。

人们可以观察到,一个人用利益关系来搭建人脉结果因利益冲突而导致关系破裂的案例在商业领域中并不少见。

霍利是一位成功的企业家,他在行业内拥有广泛的人脉关系。他一直认为,人脉就是利益的交换,只要能够为对方提供足够的利益,就可以建立起牢固的人脉关系。因此,他在与他人交往中,总是强调自己的实力和资源,希望能够通过利益交换来获得更多的机会和资源。

在一次重要的商业合作中,霍利与另一位企业家合作开发一个项目。双方在合作初期,都看到了项目的巨大潜力,因此积极投入资源,共同推进项目的进展。然而,随着项目的深入发展,双方在利益分配上出现了分歧。

霍利坚持认为自己投入的资源更多,应该获得更多的利益,而对方则认为自己在项目中也付出了很多努力,应该获得公平的利益分配。由于双方无法达成一致,最终导致项目停滞不前,合作关系也破裂了。

这个案例告诉人们,以利益为导向的人脉构建方式往往是不稳定的,当利益冲突出现时,这种关系很容易破裂。

利益关系与共情在人脉构建中的对比显得尤为鲜明。

首先,利益关系基于短期的利益交换,缺乏情感纽带和信任积累,一旦利益冲突浮现,关系便岌岌可危。相反,共情建立在对他人的深刻理解和关怀之上,能够培育出稳固的情感连接和信任,经得起时间的考验。

其次,利益关系往往呈现单向性,一方为获取利益而接近另一方,缺乏真正的互动与合作精神,容易导致利益失衡。而共情则是双向的,它鼓励双方相互理解和关心,促进真正的互动与合作,实现共赢的和谐局面。

最后,利益关系倾向于功利化,忽视人性的温暖与关怀,容易造成人际关系的冷漠与疏离。共情则强调人性化的交往，关注他人的感受与需求，传递关怀与支持，营造温馨亲切的人际氛围，彰显人性的美好。

综上所述，在当今社会，单纯依赖利益交换构建人脉的策略蕴含高风险，利益冲突可能成为关系破裂的导火索。相比之下，注重共情的培养，能够构建起更为深厚、持久的人脉关系，为个人的长远发展奠定坚实的基础。

## 四步法构建优质人脉圈

在当今社会，人脉网络对于个人和职业发展的重要性不言而喻。一个强大的人脉网络可以为人们提供宝贵的信息、资源和支持。然而，建立有效的人脉并非一蹴而就，它需要人们有意识地付出努力。那么，如何构建优质人脉圈呢？以下四个步骤将帮助你构建一个有价值的人脉网络。

首先，明确你的目标。在这个竞争激烈的时代，人们不能盲目地去拓展人脉，而要有明确的方向和目标。你需要知道你想要认识什么样的人，以及你希望通过这些人脉达到什么样的目的。

比如，如果你是一位创业者，你的目标可能是寻找投资人、合作伙伴以及行业专家。明确了目标之后，人们才能更加有针对性地去寻找和结识那些对人们实现目标有帮助的人。

明确了目标之后，下一步是列出那些可能会帮助你实现这些目标的人。这些人可能来自你的现有社交网络，也可能是你尚未接触但希望建立联系的新面孔。他们之所以重要，是因为他们拥有你所需的专业技能、资源支持。

## ◐ 翻身

在这一阶段，不妨进行一番市场调研，了解哪些人在你的目标领域内具有影响力和话语权。同时，也不要忽视那些虽然目前看似平凡，但潜力巨大、未来可能对你产生重要帮助的人。将这些人一一列出，并为他们创建一个详细的资料库，包括他们的联系方式、职业背景、兴趣爱好以及你们可能的共同点或交集。

有了这份名单之后，接下来是根据各类人脉所能带来的益处，为人脉分类。这一步骤有助于你更好地管理和利用你的人脉资源。

你可以根据人脉的潜在价值、与自己的关系紧密程度以及他们所能提供的具体帮助来进行分类。

例如，你可以将人脉分为"核心人脉""战略人脉"和"潜在人脉"等几个层次。核心人脉是指那些与你关系紧密、能够在你需要时提供直接帮助的人；战略人脉则是指那些在你特定目标领域内具有重要影响力，虽然目前关系不深，但值得长期投资和维护的人；而潜在人脉则是指那些目前看似与你目标无直接关联，但未来可能产生交集或提供帮助的人。

最后，去芜存菁。在构建人脉圈的过程中，人们不可避免地会遇到一些消耗人们能量的人。这些人可能是消极抱怨的人、自私自利的人、不靠谱的人等。与这些人交往，不仅会浪费人们的时间和精力，还可能会给人们带来负面影响。因此，人们需要学会辨别这些人，并及时回避他们。

同时，人们也要不断地评估和调整人们的人脉圈，剔除那些对人们没有价值或者价值不大的人脉，保留那些真正能够为人们带来益处的人脉。

这样，人们的人脉圈才能不断地优化和升级，为人们的个人发展和事业成功提供更加有力的支持。

通过上述四个核心步骤，人们就可以逐步构建起一个强大而有力的人脉圈，从而为人们的人生和事业发展创造更多的机遇和可能。

# 第六章
# 变富，拜财神不如高财商

## 驾驭财富，不要成为金钱的奴隶

在这个纷繁复杂且充满挑战的社会舞台上，金钱无疑扮演着举足轻重的关键角色。它既是生活的基础保障，如同坚实的基石支撑着人们的日常所需；又是实现梦想与追求自由的重要工具，仿佛一把有力的钥匙，开启通往无限可能的大门。

然而，一旦人们对金钱的渴望超越了理性与道德的界限，其便极有可能沦为金钱的奴隶，在只求财富的过程中失去自我，甚至不惜牺牲健康、家庭、友情与爱情等那些无价之宝。

"不要成为金钱的奴隶"，这一深刻命题犹如一盏明灯，照亮了现代人在追求物质富足过程中可能面临的困境与风险。它时刻提醒着人们，在尽情享受金钱带来的便利与舒适的同时，务必保持清醒的头脑。

人们要深刻认识到，金钱仅仅只是生活的一部分，绝非全部。真正的幸

◐ 翻身

福与满足源自于内心的平和，那是一种宁静致远的境界；源自于家庭的和睦，那是温暖的港湾给予的安稳；源自于人际关系的和谐，那是人与人之间真诚互动的美好；以及源自于个人价值的实现，那是自我成就带来的满足感。

以阿吉为例，他曾是一位充满激情的创业青年，怀揣着对成功的无限憧憬毅然踏入商界。起初，凭借着敏锐的洞察力和不懈的努力，他在行业内迅速崭露头角。企业规模如同滚雪球般不断扩大，个人财富也急剧增长。

然而，随着财富的不断累积，阿吉的心态却悄然发生了变化。他开始沉迷于追求更高的利润，为了这个目标，不惜牺牲自己的健康，长时间加班加点，完全忽略了与家人相处的宝贵时光。同时，为了巩固市场地位，他采取了激进的经营策略，甚至不惜触碰法律红线。

最终，一场突如其来的经济风波让阿吉的企业陷入困境，他不仅失去了多年的积蓄，还因违法行为面临法律制裁。更令他痛心疾首的是，当他回首往事时，才发现自己在追求财富的过程中，已经失去了太多无法用金钱衡量的宝贵东西。

那么，人为什么会被金钱束缚呢？

其一，贪婪与欲望。人性中的贪婪就像是一股强大的原动力，驱使人不断追求更多的财富。然而，当这种欲望失去控制时，便会如同沉重的枷锁，紧紧束缚住心灵。

其二，社会压力与比较心理。在现代社会中，物质主义价值观盛行，人们往往通过外在的物质条件来评判一个人的成功与否。这种巨大的压力促使人们不断追求更高的经济地位，从而陷入金钱的束缚之中。

其三，缺乏精神追求。当一个人的精神世界空虚，缺乏更高层次的精神追求时，便容易将全部注意力集中在物质财富的积累上，难以自拔。

其四，错误的价值观。将金钱视为衡量一切价值的唯一标准，完全忽视了健康、家庭、友情等非物质财富的重要性。

那么，人们该如何驾驭财富，又如何正确看待财富呢？

首先，树立正确的财富观至关重要。要深刻认识到金钱只是实现人生目标的工具之一，而非终极目标。学会平衡物质与精神的需求，努力追求内心的富足与平静。

其次，人们可以培养兴趣爱好与社交关系。丰富自己的精神世界，培养多样化的兴趣爱好，结交志同道合的朋友，这些都能为生活增添绚丽的色彩，减少对金钱的过度依赖。

再次，人们要多关注家庭与亲情。家庭是人生的温馨港湾，亲情是无价的宝贵财富。无论多忙，都要抽出时间陪伴家人，珍惜与家人共度的每一刻。

最后，人们应多回馈社会与多做慈善。当个人财富积累到一定程度时，可以考虑通过慈善捐赠等方式回馈社会，帮助那些需要帮助的人。这不仅能传递正能量，也能让自己感受到更多的幸福与满足。

总之，"不要成为金钱的奴隶"是一种充满智慧的生活态度。在追求物质财富的同时，人们更应高度关注内心的成长与精神的富足，学会驾驭财富而非被其奴役。只有这样，人们才能在这个纷繁复杂的世界中始终保持清醒的头脑，找到真正属于自己的幸福与安宁。

○ 翻身

## 变富一定要养成的三大习惯

财富积累的过程，实质上是一个个人行为模式不断优化和升级的过程。在这一进程中，良好的财务管理习惯扮演着至关重要的角色。这些习惯不仅是人们有效控制支出、增加储蓄的得力助手，更是提升理财能力和风险意识，为未来财富增长奠定坚实基础的关键要素。

张伟是一位年轻的白领，拥有稳定的工作和不错的收入，然而他的生活却常常陷入财务困境。每个月的工资几乎都被各种账单和信用卡还款吞噬殆尽，问题的根源在于他从未养成做日常预算的习惯。

张伟追求生活品质，经常外出就餐、购买名牌服饰和电子产品，享受即时满足的快感，却忽视了财务规划的重要性。这种缺乏预算约束的生活方式，让他陷入了"借新还旧"的恶性循环，揭示了不做日常预算的严重危害。

由此可见，缺乏预算的约束，人们很容易盲目消费和冲动购物，最终导致财务失控、负债累累。因此，养成下月做预算的好习惯，对于实现财富增长具有至关重要的作用。下月做预算是一种前瞻性的财务管理方式，它要求人们在每月初就根据收入情况和个人需求，合理规划下一个月的支出。

通过这种方式，人们能够提前掌握资金动向，避免月底资金短缺的尴尬境地。同时，预算还能帮助人们区分必要支出和可削减支出，从而优化消费结构，提高资金使用效率。

那么，如何有效实施下月做预算的策略呢？首先，人们需要明确所有可预见的收入来源，包括工资、奖金、投资收益等。其次，评估支出情况，将支出分为固定支出和可变支出，并尽量细化到每一项。接着，根据个人情况设定合理的储蓄或投资目标。最后，预算并非一成不变，应根据实际情况适时调整，保持其灵活性和适应性。

除了做预算外，记账也是一种让自己慢慢变富的好习惯。记账是财务管理的重要手段之一，通过记录每一笔收支情况，人们能够清晰了解自己的财务状况，发现消费中的问题和漏洞。记账还能帮助人们建立对金钱的敏感度和掌控感，让人们更加珍惜每一分来之不易的收入。

要实施记账习惯，人们可以选择纸质账本、电子表格或专业的记账软件来记录收支情况。将每一笔收支按照类别进行分类，如餐饮、交通、购物等，以便于分析和回顾。每周或每月定期回顾账目，分析消费趋势，找出可以优化的地方，不断调整和优化自己的消费行为。

此外，延迟消费也是一种值得培养的理性消费习惯。在面对购物欲望时，延迟消费要求人们先冷静下来思考是否真的需要这件商品，以及是否有足够的财力来购买。通过延迟消费，人们能够避免冲动购物和浪费金钱的情况发生，将有限的资源投入到更有价值的长期目标上。

要实现延迟消费，人们可以设定一个等待期，在面对非必需品时给自己一些时间思考。同时，寻找更经济、更实用的替代品来满足需求也是一个有效的方法。将想要购买的物品作为储蓄目标，通过积累资金来实现愿望而不是依赖借贷或信用卡，更是一种明智的选择。

变富并非一朝一夕之功，它需要人们付出持续的努力和坚持。在这个过程中，养成好习惯是至关重要的。当人们将这些习惯内化于心、外化于行时，就会发现自己正逐步走向财富自由的道路。

◯ 翻身

## 会理财，只是高财商的初级

在当今社会，理财的概念已日益深入人心，然而，必须明确的是，仅仅掌握理财技巧并不等同于拥有了高财商。理财，作为高财商的初级阶段，其重要性不容小觑，但若要真正实现财富的持续增长和人生的富足，则需我们深入理解财商的核心内涵，并致力于不断提升自身的财商水平。

理财，通常被解读为对个人财务的精细化管理，涵盖了制定预算、储蓄规划、投资策略等多个方面。然而，一个不容忽视的现象是，许多人在理财方面表现出色，却仍然未能触及财富自由的门槛。这背后的原因，在于理财仅仅解决了财务问题的一部分，而高财商则涉及更为广阔的领域和更深邃的思维方式。

为了有效地迈向财富自由，人们必须认识到，光靠理财是远远不够的，还需要进一步培养和提升人们的财商。

王顺是一位在金融界颇有名气的理财专家，以其精准的市场分析和稳健的投资策略，帮助众多客户实现了资产增值。然而，尽管他在理财领域取得了显著成就，个人的财务状况却并未达到他所期望的财富自由状态。

王顺的问题在于，他过于专注于短期的投资回报和风险控制，忽视了更长远的财务规划和资产配置。他的投资组合虽然稳定，但缺乏高成长性的投资，限制了资产的快速增长。此外，王顺对于新兴的投资领域和工具了解有限，错失了多个潜在的增值机会。

那么，究竟何为财商？财商，是指一个人认识、创造和管理财富的综合能力。它涵盖了理财能力、创新思维、创业精神、人际关系、风险管理等多个方面。

拥有高财商的人，不仅能够有效地管理自己的财务，还能够敏锐地捕捉并创造更多的财富机会，实现财富的持续增长。他们具备敏锐的市场洞察力和创新思维，能够独具慧眼地发现新的商业机会和投资领域。同时，他们也擅长建立广泛的人脉关系，从而获取更多的资源和信息。此外，高财商的人还能够娴熟地管理风险，确保财富的安全与稳健增长。

理财与财商，虽紧密相连，却各有其独特的侧重点。理财，更侧重于具体操作层面，比如如何精挑细选投资工具、如何制定科学合理的预算计划等；而财商，则是一种更为宏观和深层次的财务智慧，它关注的是如何通过全面提升个人的财务认知和能力，来优化整体的财务状况，最终实现长期的财务健康与自由。

可以说，理财是手段，财商是目的；理财是技能，财商是智慧。深刻理解了这一点，人们就能明白，为何单纯依赖理财技巧往往难以抵达财富自由的彼岸。

那么，究竟如何才能有效地提升财商呢？首先，人们需要不断学习和积累知识。财商的提升，离不开广泛的知识储备，包括经济学、金融学、管理学、心理学等多个学科领域。

其次，人们需要积极培养创新思维和创业精神。高财商的人，总是能够凭借敏锐的市场洞察力和创新思维，发现新的商业机会和投资领域。

最后，人们还需要学会风险管理。财富的增长，往往伴随着一定的风险，人们需要学会如何有效地管理风险，确保财富的安全与稳健增长。

总之，理财只是高财商的初级阶段，要真正实现财富的持续增长和人生的富足，人们需要深入理解财商的内涵，并不断提升自己的财商水平。通过不断学习、培养创新思维和创业精神，以及学会风险管理，人们可以逐步提升自己的财商，为实现财富自由和人生的富足奠定坚实的基础。

## 价值最大化，是花钱的唯一原则

在经济生活中，人们常常面临着各种消费和投资的决策。看似花同样的钱，却可能因为选择的商品具有不同的属性而产生天壤之别。

商品具有投资和消费两种不同的属性，这一特性深刻地影响着人们的财务状况和未来发展。当人们在进行消费决策时，往往只关注当下的需求满足，而忽略了商品的长期价值。

然而，一些商品不仅可以满足人们的即时需求，还具有潜在的投资价值。如果人们能够正确区分消费和投资属性，做出明智的决策，就能够在花同样钱的情况下，获得截然不同的收益和回报。

两个人花同样的钱一个购房一个买车，一个用来投资一个用来消费，结果一个升值一个贬值的案例在生活中并不少见。小张和小李是大学同学，毕业后两人都有了一定的积蓄。小张决定用这笔钱购买一套房产，而小李则选择购买一辆心仪的汽车。

起初，小李开着新车享受着便捷的出行和他人的羡慕目光，而小张则背负着房贷的压力。然而，随着时间的推移，情况发生了巨大的变化。小张购买的房产由于地理位置优越和市场需求的增加，价格不断上涨，实现了资产

## 第六章 变富，拜财神不如高财商

的增值。而小李的汽车在使用过程中不断贬值，几年后价值大幅缩水。

要知道，投资和消费有着本质的区别。

首先，从目的来看，消费的目的是为了满足当前的需求和享受，是一种即时性的行为。比如购买食品、服装、电子产品等，这些商品主要是为了满足人们的日常生活需求和娱乐享受。而投资的目的则是为了获得未来的收益和回报，是一种长期的规划和决策。比如购买股票、基金、房产等，这些商品的价值不仅仅在于当下的使用，更在于未来的增值潜力。

其次，从风险和回报来看，消费通常是一种确定性较高的行为，风险相对较低，但回报也有限。人们购买的消费品在使用后价值会逐渐降低，甚至归零。而投资则是一种不确定性较高的行为，风险相对较大，但回报也可能很高。投资的商品价值会随着市场的变化而波动，有可能获得巨大的收益，也有可能遭受损失。

最后，从对财务状况的影响来看，消费会减少人们的可支配资金，增加人们的负债。而投资则有可能增加人们的资产，提高人们的财务状况。如果人们能够合理地进行投资，就可以实现财富的积累和增值。

投资着眼于未来的价值增长，而消费则主要关注当前的享受或满足。小张的选择体现了投资思维，即通过购买具有增值潜力的资产来实现财富的积累；而小李的选择则是典型的消费行为，追求的是即时的生活品质提升，却忽略了资产的长期价值变化。

真正的高财商花钱的唯一原则，就是价值最大化。在做出消费和投资决策时，人们应该始终以价值最大化为目标。这意味着人们要综合考虑商品的价格、质量、功能、投资价值等多个因素，做出最明智的选择。对于消费性商品，人们要注重性价比，选择质量好、价格合理、功能满足需求的商品。避免盲目追求品牌和时尚，避免不必要的消费和浪费。对于投资性商品，人们要进行深入的研究和分析，了解市场趋势和投资风险，选择具有潜力的商品进行投资。

总之,商品具有投资和消费两种不同的属性,人们在花钱时要正确区分这两种属性,做出明智的决策。我们要以价值最大化为原则,综合考虑各种因素,做出最有利于自己的消费和投资决策。

## 明白四个道理,避免投资风险

在投资的世界里,风险与收益如影随形,它们共同构成了投资活动的两大核心要素。每一个投资者都渴望获得丰厚的回报,却往往忽视了投资风险的存在。事实上,真正成功的投资者不仅懂得如何追求收益,更明白如何有效避免和控制风险。

对于投资高手来说,他们之所以能比普通人降低投资风险,是因为他们把如下四个道理深深地刻在了脑海里:

道理一:风险与收益成正比。高收益往往伴随着高风险,这是投资领域的基本法则。在追求高收益的同时,必须承担相应的风险。

例如,股票市场具有较高的收益潜力,但也伴随着较大的价格波动和不确定性。投资者可能在短期内获得丰厚的回报,但也可能面临巨大的亏损。相反,低风险的投资产品如国债、银行定期存款等,收益相对较为稳定,但收益率较低。

投资者在选择投资产品时,应根据自己的风险承受能力和投资目标来权衡风险与收益。如果风险承受能力较低,可以选择低风险的投资产品,以确保资金的安全。如果风险承受能力较高，可以适当配置高风险资产，以追求更高的收益。但无论如何，都要避免盲目追求高收益而忽视风险。

道理二：历史表现不代表未来收益。很多投资者在选择投资产品时，往往会参考其历史表现。然而，历史表现并不能保证未来的收益。

市场环境是不断变化的，过去表现良好的投资产品在未来可能面临各种风险和挑战。例如，某只股票在过去几年中表现出色，但这并不意味着它在未来也会继续上涨。行业竞争、宏观经济环境变化、公司经营状况等因素都可能影响股票的未来走势。

同样，房地产市场、债券市场等也存在类似的情况。投资者不能仅仅依靠历史表现来判断投资产品的未来收益，而应该综合考虑各种因素，进行深入的分析和研究。

道理三：市场是不可预测的。尽管有很多经济学家、分析师试图预测市场的走势，但市场的未来发展充满了不确定性，很难准确预测。

股票市场的涨跌、房地产市场的走势、汇率的波动等都受到众多因素的影响，这些因素相互交织、相互作用，使得市场的变化难以捉摸。投资者不能过分依赖市场预测来进行投资决策，而应该保持理性和客观的态度。

在投资过程中，要根据自己的投资目标和风险承受能力，制定合理的投资策略，并严格执行。同时，要密切关注市场变化，及时调整投资组合，以适应市场的变化。

道理四：投资需要耐心和时间。投资不是一夜暴富的捷径，而是需要耐心和时间来积累财富的过程。急于求成往往会导致投资失败。在投资过程中，投资者需要保持冷静和理性，不要被市场的短期波动所影响。

耐心是投资者的重要品质。在市场波动时，投资者需要保持冷静，不要被恐慌或贪婪所驱使而做出错误的投资决策。同时，投资者也要有足够的耐心等待市场的回报。市场的走势是波动的，但长期来看，优质资产的价值往

◐ 翻身

往会得到市场的认可。

时间也是投资的重要因素。复利效应是投资中的重要原理，它表明资产的收益会随着时间的推移而不断累积。因此，投资者需要给予投资足够的时间来实现复利效应。同时，长期持有优质资产也可以降低交易成本和时间成本，提高投资效率。

在投资过程中，人们要时刻牢记这四个道理，保持理性和冷静的头脑，不要被高收益的诱惑冲昏头脑，要充分认识到风险的存在。同时，要避免过分依赖历史表现和市场预测，学会独立思考和分析。最重要的是，要有耐心和时间观念，坚持长期投资的理念。只有这样，人们才能在投资的道路上走得更稳、更远，实现自己的财富增长目标。

## 资产配置三大误区，千万不要踩到

在当今瞬息万变的金融市场中，资产配置已成为财富管理领域不可或缺的一环。它不仅是投资者实现财富保值增值的重要途径，更是规避风险、优化投资组合的关键手段。

资产配置之所以在财富管理中占据如此重要的地位，主要源于其能够帮助投资者实现风险与收益的最佳平衡。通过将资金分配到不同的投资项目中，如股票、债券、基金、房地产等，投资者可以降低单一投资项目带来的风险，同时也有机会获得更为稳定的回报。

这种多元化的投资策略，不仅符合现代投资组合理论的核心思想，也是

## 第六章　变富，拜财神不如高财商

众多成功投资者长期实践的结晶。

然而，资产配置并非一蹴而就的过程，它需要投资者具备敏锐的市场洞察力、深厚的专业知识以及丰富的实践经验。

更重要的是，投资者必须时刻保持警惕，避免陷入资产配置的误区。这些误区往往源于投资者的心理偏差、行为偏差或对市场的误解，但它们都可能对财富的增长造成致命的打击。

第一个误区是不关注资产的流动性，可能在需要资金时无法及时变现。

资产的流动性是指资产在不损失价值的情况下迅速转化为现金的能力。在资产配置中，很多人往往只关注资产的收益性和风险性，而忽视了流动性的重要性。然而，当人们面临突发情况需要资金时，如医疗费用、子女教育费用等，如果资产的流动性不足，可能会导致人们无法及时变现，从而陷入财务困境。

例如，一些投资者将大量资金投入到房地产市场，虽然房地产在长期来看可能会带来较高的收益，但它的流动性相对较差。在需要资金时，可能需要较长的时间才能找到买家，并且可能会因为市场行情不好而不得不降价出售，从而造成损失。另外，一些人将资金投入到长期限的理财产品中，虽然这些产品的收益可能较高，但在未到期前无法提前赎回，也会影响资金的流动性。

为了避免陷入流动性不足的误区，人们在进行资产配置时，应该合理安排不同流动性资产的比例。一般来说，可以将一部分资金配置为现金或活期存款，以满足日常的资金需求和应急之需；将一部分资金配置为短期理财产品或货币基金，这些产品的流动性相对较好，收益也较为稳定；同时，可以根据自己的风险承受能力和投资目标，适当配置一些长期资产，如债券、房地产等，以实现财富的长期增值。

第二个误区是资产配置后从不进行调整和优化。

很多人在进行资产配置后，就认为万事大吉，不再关注市场的变化和资产

○ 翻身

的表现，也不进行调整和优化。然而，市场环境是不断变化的，不同资产类别的表现也会随着时间的推移而发生变化。如果不及时调整资产配置，可能会导致资产组合与个人的投资目标和风险承受能力不匹配，从而影响投资效果。

例如，在经济增长期，股票市场通常表现较好，而债券市场相对较为平稳。如果在这个时期资产配置中股票的比例过低，可能会错过股票市场的上涨机会，影响财富的增长。而在经济衰退期，债券市场和黄金市场可能更具稳定性，股票市场则可能出现大幅下跌。如果不及时调整资产配置，增加债券和黄金等资产的比例，可能会导致资产的大幅缩水。

为了避免这个误区，人们应该定期对资产配置进行评估和调整。可以根据市场的变化、个人的财务状况和投资目标的调整，适时调整资产组合中不同资产类别的比例。同时，也可以关注一些新的投资机会和资产类别，适时进行资产的优化和升级。

第三个误区是忽略资产配置的整体性。

资产配置是一个系统性的工程，需要考虑多个方面的因素，包括资产的收益性、风险性、流动性、税收筹划等。然而，很多人在进行资产配置时，往往只关注个别资产的表现，而忽略了资产配置的整体性。

例如，一些投资者在选择股票时，只关注股票的价格走势和收益情况，而忽略了股票所在行业的发展趋势、公司的基本面等因素。这样可能会导致投资决策的片面性，增加投资风险。另外，一些人在进行资产配置时，没有考虑税收筹划的因素，可能会导致不必要的税收支出，影响投资收益。

为了避免忽略资产配置的整体性误区，我们在进行资产配置时，应该从多个角度进行综合考虑。一方面，要明确自己的投资目标和风险承受能力，制定合理的资产配置方案。另一方面，要对不同资产类别的表现进行全面的分析和评估，包括收益性、风险性、流动性等方面。同时，也要关注税收筹划、资产传承等因素，确保资产配置的合理性和有效性。

总之，资产配置是一项复杂而又重要的财富管理工作，在资产配置的过程中，人们还需要不断地学习和实践，提高自己的投资水平和风险意识，以适应不断变化的市场环境和个人财务状况。

## "离钱最近"，赚钱才能最快

在当今这个快节奏、高竞争的时代，每个人都渴望找到一条通往财富自由的道路。

在繁华都市的一隅，明明是一个怀揣着致富梦想的年轻人。他坚信，在这个知识就是财富的时代，拥有更多的证书便是通往成功与财富的捷径。于是，明明踏上了一条看似光明实则曲折的"考证之路"。

起初，明明选择了热门的会计资格证书作为起点。他夜以继日地复习，牺牲了周末和假期，甚至牺牲了与朋友相聚的时光。经过数月的苦读，他终于如愿以偿地考取了证书。然而，当他满怀期待地踏入求职市场时，却发现竞争异常激烈，仅凭一张证书难以脱颖而出。

不甘心的明明没有放弃，他转而将目光投向了金融分析师、项目管理师等多个热门领域。每一次，他都全力以赴，不惜重金报名参加培训课程，购买各种教材和模拟试题。家里的书架渐渐被各类证书和书籍填满，而明明的钱包却日益干瘪。

时间如白驹过隙，几年下来，明明已经手握数十张证书，成为朋友们眼中的"证书达人"。但令他沮丧的是，这些证书并没有像预期的那样为他带

● 翻身

来丰厚的收入或理想的职位。

　　一次偶然的机会，明明参加了一个行业交流会。在会上，他听到了许多成功人士的分享。他们中有的并没有显赫的学历或满墙的证书，却凭借着扎实的专业技能、敏锐的市场洞察力和不懈的努力实现了财富自由。

　　赚钱的本质，核心在于实现资金的流入，而非仅仅局限于学习技术、考取证书、拓展人脉或组建团队。若所从事的活动无法带来实质性的经济收益，那么这些努力便只是自我陶醉的假象，缺乏实质性的价值。

　　观察那些未能显著盈利的活动，如学习健身、钢琴或舞蹈，除非这些技能能被有效地转化为市场价值，否则它们除了带来身体上的锻炼和精神上的愉悦外，并无太多实际益处。

　　因此，要实现财富的积累，关键在于将个人技能转化为市场所需的产品或服务从而获取报酬，这才是通往财富之路的有效途径。

　　深入探究社会现象，不难发现，众多企业老板的职业背景往往与业务和会计紧密相连。这一现象的背后，是因为这两个职位直接涉及资金的流动与管理。业务人员通过销售商品和服务实现资金的回笼，而会计人员则负责日常的资金收支管理。因此，只有那些经常与资金打交道的人，才更有可能洞察市场的脉动，捕捉到赚钱的机会，从而在商业世界中占据有利地位。

　　相比之下，为何打工者往往难以积累大量财富呢？这主要因为他们的工作性质使他们与资金的直接联系相对较远。他们通常需要等待月底客户给公司结算后，再由老板分配微薄的薪资，且其创造的利润大部分被老板所占有。在这种模式下，打工者很难实现财富的显著增长。

　　所谓"离钱最近"，并非简单地指物理距离上的接近，而是强调能够深入参与经济活动的核心环节，掌握资源分配的关键权力，或是凭借敏锐的信息洞察力和技术优势迅速把握市场机遇。

# 第七章
# 人性，应对措施要因人而异

## 对手是弱者，请施以尊重

在人际交往的广阔舞台上，人们时常会遇到形形色色的人物，他们或因能力、资源、地位等因素而被社会标签化为"弱者"。然而，真正的智慧与力量，并不体现于对弱者的轻视或欺凌，而恰恰在于以尊重的态度去深入理解并施以援手。

公元前607年，郑国出兵攻打宋国。宋国派华元为主帅，统率宋军前往迎战。两军交战之前，华元为了鼓舞士气，杀羊犒劳将士，鼓励大家共同杀退敌人。但是可能因为粗心大意，忙乱中忘了给他的马夫羊斟分一份。

羊斟没有吃到羊肉，心里很不高兴，因此怀恨在心，暗中拿定主意要报复华元。

不久，到了交战的时候，羊斟对华元说："分发羊肉的事由你做主，今天驾驭战车的事，可就得由我做主了。"于是，他就故意把战车一直赶到郑

## ◐ 翻身

军阵地里面去。结果，堂堂宋军主帅华元，被郑军重重包围，当了俘虏。宋军失掉了主帅，不战自乱，遭到了惨败。

这一案例凸显了尊重每一个人的重要性，即便是看似微不足道的角色，也可能对全局产生重大影响。

在探讨尊重弱者的重要性时，人们必须正视弱者可能存在的种种局限。这些局限并非用于贬低或轻视他们，而是为了更全面地理解他们的处境，从而采取更加恰当的交往策略。

具体而言，弱者可能面临资源有限、自信心不足、社交障碍以及技能欠缺等挑战。认识到这些局限，人们的目标并非仅仅是怜悯或施舍，而是要以一种平等而尊重的态度，提供必要的支持与帮助，激励他们自立自强，逐步克服这些障碍。

弱者，尽管在生活中可能因种种原因而处于不利地位，但这绝不意味着他们应被忽视或轻视。相反，他们往往更加渴望得到他人的尊重与认可。在管理学中，有一条不成文的规则：你对一个样样都不如你的人越尊重，他越会努力报答你。这份尊重不仅是对他们人格的肯定，更是对他们努力和存在价值的认可。

《繁花》中的底层打工人敏敏的故事，便是对这一规则的生动诠释。敏敏一开始只是至真园饭店的一名普通服务员，她因为想多赚外快而故意出卖色相收小费，结果被领班告状。然而，至真园的老板娘李李并没有因此将敏敏辞退，反而破格提拔她成了领班。

李李不仅没有轻视敏敏的过失，还给予了她改过的机会和更高的职位。这份尊重让敏敏对李李感激不已，她也在工作上更加尽心尽力。后来，当李李因为炒股被派出所带去调查时，至真园群龙无首，很多员工闹事。关键时候，领班敏敏和经理站出来稳住了场面，一直撑到了李李回来。这正是敏敏对李李尊重的回报。

鬼谷子曾言："弱者嗜尊，以谦切入。"这句话提醒人们，在与弱者的交往中，尊重与谦逊是何等的重要。

正如人们常说的："一个人真正的智慧，不是对强者的仰视，而在于对弱者的敬重。"这句话深刻揭示了尊重弱者的真谛。

在人际交往中，人们应当始终将他人的自尊放在首位，给予他们应有的尊重和善意。这样，当人们有一天需要帮助时，人们曾经播下的尊重和善意的种子，才会加倍地开花结果，回馈于人们自身。做人，就应做到不以人弱而辱之，不以身贵而贱人。

## 对手是强者，要懂得露怯

在人生的竞技场中，无论是学业、职场还是个人成长的道路上，人们总会遇到形形色色的对手。其中，不乏那些能力出众、实力雄厚的强者。面对这样的对手，选择何种策略应对，往往决定了最终的成败。在纷繁复杂的商业环境中，这一原则同样适用。企业或个人在面对强大的竞争对手时，策略的选择与执行至关重要。

《三国演义》作为一部描绘古代政治与战争的经典之作，其中四百多个人物，大都是足智多谋或孔武有力的奇人。然而，这样一个群英荟萃的三国乱世，最终却归于司马一家。公元249年，司马懿发动政变，夺取曹魏政权，其后其孙司马炎平定东吴，建立晋朝。

在乱世纷争中，司马懿为何能成为最后的赢家？其成功的秘诀，在于他

## 翻身

四十一年的蛰伏隐忍。他教会人们：能忍别人所不能忍，才能成别人所不能成。懂得示弱于人，是一种以退为进的智慧，是一种克制律己的强大。

公元 208 年，司马懿应曹操征辟，入朝任职。此时，曹操手下还有一名官员，名叫杨修。两人论才情难分伯仲，一度都是深受曹操赏识又为其所忌的人才。但在为人风格上，杨修与司马懿却截然不同。

恃才放旷的杨修，总是喜欢卖弄学识，一有机会就到处展示自己的才华。虽然他确实聪明多智，但他忘了，生性多疑的曹操，怎会容许他人一直看穿自己的心思。

而此时的司马懿，却只做了一件事，那就是：藏锋守拙。在曹操身边，他从不张扬，不说任何不该说的话。他深知欲有所取，终有所蔽，因此选择韬光养晦，最终不仅躲过了生死危机，还得到更多机遇，从文学掾一路升任为太子中庶。

后来的事实证明，曹操的猜测是对的。司马懿并非没有抱负，相反，他的野心远超一般人。但也正是因为善于退让，他才能在后来连续受到四代君主的重用，成为曹魏权臣。

而那位才华横溢的杨修却因不懂收敛锋芒而被杀。

《菜根谭》中有言：藏巧于拙，用晦而明，寓清于浊，以屈为伸。高调逞强，只会彰显浅薄，惹来祸端。

这句话的意思是，学会隐藏锋芒，韬光养晦，才能保全自我。木秀于林，风必摧之；藏器于身，方能待时而动。示弱，并非懦弱，而是强者主动选择的谋略。

强者往往拥有更多的资源和支持，以硬碰硬只会让自己在资源上更加捉襟见肘，难以持久作战。通过示弱，可以巧妙地避免正面冲突，保存实力，等待时机。

面对强敌，持续的竞争压力容易让人产生焦虑、急躁等负面情绪，影响

## 第七章 人性，应对措施要因人而异

判断力和创造力。示弱可以降低对方的戒备心理，减轻自身的心理压力，为后续的竞争创造更有利的条件。

硬碰硬的策略往往让人过于关注对手的长处，而忽视了自己的独特优势和潜力。示弱则是一种策略性的自我定位，它让人们更加清晰地认识到自己的优势，并在合适的时机加以利用。

仅凭一己之力硬撼强敌，缺乏灵活多变的策略，难以应对复杂多变的竞争环境。示弱则是一种灵活多变的策略，它可以根据不同的环境和对手进行调整，以达到最佳的效果。

更重要的是，强者之所以强，往往在于他们不断学习与进化的能力。硬碰硬只会让双方陷入无休止的消耗战，而真正的高手则会在竞争中寻找成长的契机，不断提升自我。露怯并非真正的软弱，而是一种高明的策略。它让对手看到你的谦逊与不足，从而放松警惕，减少对你的防备。同时，它也为你自己赢得了更多的学习时间和提升空间。

遇强者懂得示弱，是一种深谙人性与策略的智慧表现。在人生的旅途中，人们难免会遇到比自己更为强大或经验丰富的对手或合作伙伴。此时，一味地逞强或硬碰硬，往往非但不能解决问题，反而可能激化矛盾，导致两败俱伤。通过示弱，人们可以缓解对方的戒备心理，降低冲突的风险，为双方创造一个更加和谐、开放的交流环境。这不仅是一种智慧的选择，更是一种高明的策略。

● 翻身

## 与小人打交道，切忌翻脸

人际交往中，人们难免会遇到形形色色的人，其中不乏那些被称为"小人"的存在。

小人，往往指那些心胸狭窄、善于伪装、喜欢搬弄是非、为达目的不择手段之人。与小人相处，历来是人际交往中的一大挑战。

李明是某公司的项目经理，因一次项目中的分歧，与部门内的张强产生了矛盾。张强，是团队中出了名的"小人"，擅长在背后搞小动作，利用信息不对称来操纵局势。起初，李明对张强的行为持不屑态度，认为只要自己行得正坐得端，便无需畏惧任何蜚短流长。然而，当项目进入关键阶段，李明因工作压力大，在一次团队会议上对张强提出了直接的批评，言辞间难免有些过激，导致两人当场翻脸。

这一翻脸，成了李明职业生涯中的一个转折点。张强开始利用自己的关系网，散布关于李明的负面谣言，甚至伪造了一些不利于李明的证据，向上级领导举报其存在严重的管理问题。尽管李明努力澄清，但由于张强事先已精心布局，使得谣言迅速扩散，难以遏制。最终，李明不仅失去了项目的领导权，还被调离了核心部门，职业生涯遭受了重大打击。

翻脸，意味着直接对抗与冲突升级，这不仅难以解决问题，反而可能将自己置于更加不利的境地。因此，掌握与小人相处的艺术，学会在不翻脸的

## 第七章 人性，应对措施要因人而异

前提下保护自己、化解矛盾，是每位希望在社会中和谐生存与发展的人所必备的能力。

首先，要具备识别小人的能力。小人往往表面一套背后一套，善于伪装。因此，在日常交往中，要细心观察，留意那些言行不一、喜欢搬弄是非的人。一旦发现身边有小人存在，要时刻保持警惕，避免陷入其设置的陷阱。

面对小人的挑衅或诽谤，切忌冲动行事，直接翻脸。这样不仅不能解决问题，反而可能让对方更加猖狂。正确的做法是保持冷静，采取迂回策略，通过合适的渠道和方式表达自己的立场和态度。同时，要注意收集证据，以备不时之需。

小人往往难以真心相待，与其深交只会让自己陷入更深的泥潭。因此，在与小人相处时，要保持一定的距离，避免过多地透露个人信息和内心世界。同时，也要避免在小人面前谈论敏感话题或泄露机密信息，以免被其利用。

当他们觉得别人过得比他好的时候，一定会想方设法地把人家拉下来，无中生有、恶意毁谤是最常用的手段，是谣言就需要有人来传布，当他把你拉到自己阵营时，你要学会装傻充愣。

在他们向你示好的时候，保持清醒的头脑，看清背后真实的意图。那些批评或传播别人隐私的事情，要做到绝口不提，表现出自己什么也不知道的样子，不要把自己变成他们兴风作浪的棋子。

在与小人相处的过程中，无论遇到多大的困难和挑战，都要坚守自己的原则和底线。这不仅是对自己的一种保护，也是对自己人格的尊重。当小人试图触碰这些原则和底线时，要果断地表明自己的立场和态度，让小人知道自己并非软弱可欺。同时，也要学会借助团队或组织的力量来对抗小人的不法行为，维护自己的合法权益。

◐ 翻身

## 对爱占便宜者，以利切入

在生活和工作中，人们总会遇到一些爱占小便宜的人。他们可能会抢走你的茶蛋，少给你饭钱，甚至还会觉得这是你的问题。更糟糕的是，这种人往往不懂得感恩。当别人不帮他们时，他们反而会指责别人小气、没有格局。这让人不禁想问：难道占别人便宜就是有格局的表现吗？

面对这类个体的存在，人们的生活和工作场景无疑增添了诸多复杂性与挑战。直接对抗或逃避显然非长久之计，如何智慧地与之周旋，不仅关乎维护和谐的人际关系网，更是在纷繁复杂的人际交互中自我保护的艺术。

以张嘉为例，这位在科技公司勤勉耕耘的程序员，凭借其卓越的技术实力与团队协作精神，在团队中赢得了广泛赞誉。然而，这一切的平静在张强——公司内知名的"小便宜专家"出现后，发生了剧变。张强擅长利用各种契机，将他人的辛勤付出窃为己有。

在一次关键项目中，张嘉夜以继日地工作数周，攻克了核心技术难题。但在项目汇报的关键时刻，张强却横空出世，以自信满满的姿态，将张嘉的成果包装成自己的创意，赢得了领导的高度评价。尽管团队成员私下对此议论纷纷，张嘉感到了前所未有的挫败与无力。

此案例深刻揭示了爱占便宜者如何通过不正当手段窃取他人成果，给受害者带来巨大的心理压力与职业挫败感。这种行为不仅侵犯了个人权益，更破坏了团队的公平与和谐氛围。

进一步分析，爱占小便宜的行为亦存在层次之分。最基础且常见的一层，莫过于蹭零食、逃避付款等行为。这类人常常利用各种机会，从同事处蹭吃蹭喝，或在集体聚餐时寻找借口逃避支付。虽看似微不足道，但长此以往，将严重损害人际关系。

进阶层次则体现为推卸工作责任。这类人擅长找借口，将本应自己完成的任务转嫁给他人，自己则坐享其成。此行为不仅拖累了团队的整体效率，更侵蚀了同事间的信任与合作基石。

而最高层次的爱占便宜行为，无疑是直接掠夺他人的功劳。这类人善于自我包装，将他人的努力与成果巧妙转化为自己的资本，以此博取他人的认可。正如张嘉的遭遇所示，此类行为不仅严重挫伤了受害者的积极性，更破坏了团队的公正性，对组织的健康发展构成潜在威胁。

那么，如何与爱占便宜的人有效相处呢？

首先，明确界限，保护自我。人们需清晰界定自己的底线与界限，不轻易向爱占便宜者的无理要求妥协。面对其侵扰，应勇于表达立场与态度，让对方明了你的原则与底线不容侵犯。

其次，巧妙沟通，以理服人。与爱占便宜者相处时，直接冲突往往非但无法解决问题，反而可能激化矛盾。

再次，利用制度，维护权益。团队或组织中，往往设有明确的规章制度以保障成员权益。当爱占便宜者的行为严重损害你的利益时，不妨借助制度力量维护自身权益。可向上级领导或人力资源部门反映情况，寻求支持与帮助。

最后，以利诱之，实现共赢。在利益面前，人们的行为往往更加理性与务实。因此，人们可尝试以利益为切入点，与爱占便宜者建立一种基于共赢的合作关系。通过合理的利益分配与激励机制，激发其积极性与创造力，使他们在追求个人利益的同时，也能为团队与组织创造更大价值。

○ 翻身

## 两招搞定不服自己之人

在纷繁复杂的人际交往环境中，影响力不仅仅体现在对他人观点的引导与资源的协调，更深刻地体现在如何凝聚人心，尤其是面对那些起初并不完全认同自己或持有不同意见的人时。搞定那些不服自己的人，是每个人在人际交往中必须跨越的障碍，也是衡量其人际交往智慧与能力的关键指标。

以高鹏为例，他在一个新的社交圈子中担任组织者的角色。却很快发现圈子中有一位经验丰富且有独特见解的人物——刘潇潇，她对高鹏的新举措和管理方式持怀疑态度，并经常在众人面前发表负面言论，影响了整个圈子的氛围。

高鹏试图通过多次沟通来改变刘潇潇的态度，但效果甚微。他忽略了刘潇潇作为圈子中资深成员的影响力，以及刘潇潇对圈子现状的深刻理解。相反，高鹏采取了强硬的处理手段，试图通过权威压制来解决问题。结果适得其反，不仅未能赢得刘潇潇的尊重，反而加剧了圈子内部的分裂。

随着时间的推移，圈子的凝聚力持续下滑，成员们的积极性跌至谷底。周围的人对高鹏的领导能力产生了质疑，最终高鹏在这个社交圈子中的地位受到了影响。

这个案例深刻说明了在人际交往中，如果不能有效搞定不服自己的人，将会面临怎样的困境和后果。

## 第七章 人性，应对措施要因人而异

一般来说，搞定不服自己之人的两种方法，在人际交往中尤为重要，它们不仅能够维护关系的和谐稳定，还能展现个人的智慧与魄力。

在人际交往中，难免会遇到一些心怀小算盘但尚未付诸行动的人。这些人心思细腻，善于观察风向，试图在关系中寻找可乘之机。对于这类人，采取"敲山震虎"的策略尤为有效。

"敲山震虎"并非直接打击或压制，而是通过一系列具有警示性的举动，让这些人意识到你的敏锐与决心，从而不敢轻易挑战你的权威或做出不利于关系的行为。

此外，还可以通过个别谈话的方式，直接向不服者传达自己的期望与底线。在谈话中，既要展现出对对方的关心与理解，又要明确表达出自己的立场与要求。通过这种方式，让不服者感受到你的威严与关爱并存，从而主动调整自己的态度与行为。

对于不服从管理的人，人们还可以采取"束之高阁"的策略。这里的"束之高阁"并非完全排斥或忽视这些人，而是暂时将他们从核心活动或重要事务中撤下，转而与那些更加听话、积极配合的人合作。

通过这种做法，可以向不服者展示一个清晰的信号：关系不会因为某个人的缺席而停止运转，甚至可能因此变得更加高效和有序。同时，这也为其他关系中的人树立了一个榜样：只有积极融入、遵守规则的人才能得到重用和认可。

在"束之高阁"期间，应密切关注不服者的反应与变化。如果他们开始反思自己的行为并表现出积极的改变意愿，那么可以考虑给予他们重新证明自己的机会；如果仍然固执己见、不思悔改，那么可以考虑采取更进一步的措施来维护关系的稳定和利益。

总之，在复杂的人际交往环境中，我们要善于运用智慧与策略，搞定不服自己的人，凝聚人心。只有这样，我们才能在人际交往中如鱼得水，建立起良好的人际关系网络，为自己的事业发展打下坚实的基础。

◦ 翻身

## 牢记三大铁律，做到无人敢惹

卡耐基在其著作中阐述了一个观点：尽管每个人都倾向于与善良之人交往，但过度的善良却可能使人显得廉价，导致他人默认这类人不值得尊重，进而可能遭受无端的轻视与欺压。

在余华的小说《我胆小如鼠》中，主人公杨高便是这样一个例子。

在父母的教育下，杨高自小便形成了老实本分、不争不抢的性格。面对他人的嘲笑与挑衅，他总是选择隐忍。无论是童年时被同伴朝脸上吐唾沫，还是成年后在工厂中被同事抢夺技术工职位，被迫从事粗重的清洁工作，他都选择了默默承受。

杨高勤勤恳恳，将车间机器打扫得焕然一新，然而在发放奖金和单位分房时，却总是没有他的份儿。即便如此，他依然选择笑对一切。然而，这样的隐忍并未为他赢得良好的人际关系，反而使他人将其视为软弱可欺的对象，欺凌行为愈发加剧。

最终，杨高决定不再隐忍。在一次被工友殴打之后，他拿起刀来，欲向工友反击。工友被吓得跪地求饶，一场潜在的惨剧才得以避免。

很多时候，人们之所以活得痛苦，正是因为习惯了退让。过于随和往往会被他人视为缺乏实力，而表现得过于软弱则可能招致他人的无度压榨。人性本就倾向于欺软怕硬，因此，若坚持扮演老好人的角色，就难怪会被他人轻视。

正确的策略应是：在保持温顺的同时，也要展现出自己的爪牙；在不主

## 第七章　人性，应对措施要因人而异

动伤害他人的前提下，也要具备反击的能力。因为只有当人们变得不易被欺压时，所遇见的每个人才会以和颜悦色的态度对待他们。

但是，做到无人敢惹，并非意味着要成为孤傲或难以接近的人，而是要在坚守自我原则与尊严的同时，展现出不容忽视的力量与智慧。

以下三种方法有助于人们在职场或生活中实现这一目标：

方法一，保持沉稳，审慎运用笑容。笑容在人际交往中起着重要作用，但过度、无底气的赔笑可能适得其反，给人以缺乏自信和原则的印象。学会在适当时机展现真诚笑容，而在面对挑战或不合理要求时，保持沉稳和冷静。这种沉稳不仅体现了自控力，也让周围的人意识到你并非一个轻易被情绪左右的人。以坚定而不失礼貌的方式回应他人，自然会赢得他人的敬畏。

方法二，设定界限，拒绝无意义付出。在职场或生活中，人们常面临各种请求和任务。无原则地接受所有事情不仅会导致疲惫不堪，还会使付出变得廉价。学会设定自己的界限，明确哪些事情愿意做，哪些不能接受。当有人试图跨越界限时，果断而礼貌地拒绝。这样不仅能保护时间和精力，还向他人传递了一个信息：你的时间和努力都是有价值的，不是可以随意挥霍的。这样，你在他人眼中就会成为一个有原则、有底线的人，自然也就不易被人轻视。

方法三，沉默是金，以行动证明实力。急于证明自己或说服他人时，往往容易陷入言辞的争执中，这不仅无法真正解决问题，还可能适得其反。学会在适当的时候保持沉默，用行动和成果来证明自己。专注于工作，不断取得进步和成就时，你的实力自然会得到他人的认可。这种认可往往比任何言辞都更有说服力。因此，越安静，越有力量，这种内敛的力量往往更能让人心生敬畏。

总的来说，树立无人敢惹的形象并非通过强硬或霸道的方式实现，而是通过保持沉稳、设定界限以及以行动证明实力等方式来塑造自己的形象和地位。当你能够以一种自信、有原则且充满力量的方式面对生活时，自然会赢得他人的尊重和敬畏。

# 第八章
# 进化，缩小与高手的差距

## 及时止损，不为打翻的牛奶哭泣

在人生这场漫长的征程中，人们犹如航行在浩瀚海洋的船只，既会邂逅风平浪静的温柔，也必将直面波涛汹涌的挑战。在这趟充满未知的旅程里，一项极为宝贵的财富便是学会"及时止损"。

李先生在与前女友分手后，却未能及时走出情感的阴霾。尽管两人已然明确分道扬镳，且前女友已开启新的生活篇章，但李先生却依旧对她难以释怀，频繁通过各种途径试图挽回这段逝去的感情。他不断地给前女友发信息、打电话，甚至在其家门口苦苦等待，期望她能回心转意。

然而，李先生这些行为不但未能奏效，反而让前女友深感困扰与厌烦。同时，李先生的这般行径，不仅使自己深陷情感的泥沼，还对自己的生活与工作造成了严重影响。倘若他能在分手后迅速接受现实，及时调整心态，积极寻觅新的生活方向，或许便能早日挣脱阴影，拥抱新的幸福。

所谓及时止损，从经济学角度而言，是指当意识到某项投资可能带来持续且不可逆转的负面影响时，果断采取措施，停止进一步投入，以防止损失的进一步扩大。而从更广泛的生活哲学层面来看，它同样具有深刻的意义。

拉瓦赫的故事便是一个生动的例子。小时候的拉瓦赫一心渴望成为作家，然而他笔耕不辍，却始终不得要领。随后，父母让他转学画画，结果同样不尽如人意。正当父母为拉瓦赫的前途忧心忡忡之际，他的化学老师指出："拉瓦赫严谨而认真的态度，正是化学所需要的。"父母这才恍然大悟，赶紧为他寻找优秀的导师。这一次，拉瓦赫逐渐展现出在化学领域的天赋，最终荣获诺贝尔化学奖。

在人生的决策中，每个选择都伴随着机会成本，即放弃其他可能带来的收益。若未能及时止损，就意味着错过了将资源投入到更具潜力、更有可能成功的领域的机会。而这些机会一旦错过，往往难以挽回。

当人们的决策或行动已经产生负面影响时，能够及时停止并采取措施减少进一步的损失，这种能力无论是在日常生活中还是在工作领域都至关重要。

从经济层面来看，及时止损可以帮助人们避免更多的损失。当我们做出错误的投资决策或经营行为时，往往会导致财务状况的进一步恶化。如果能够及时止损，就可以避免这种损失的扩大化，保护我们的资产安全。

从心理层面而言，及时止损也可以帮助人们保持心理平衡。当我们遭受损失时，会产生痛苦和失望的情绪。如果能够及时止损，就可以减少这种负面情绪的影响，从而保持心理的稳定与平衡。

此外，及时止损还可以帮助我们提高决策水平。当我们做出错误的决策或行动时，通常是由于对问题的认识不足或者对信息的掌握不够充分。如果能够及时止损，我们就可以重新审视自己的决策过程和信息来源，从中吸取经验教训，进而更好地提高自己的决策能力。

◐ 翻身

那么，如何培养及时止损的能力呢？

首先，要保持冷静的心态。当我们遭受损失时，很容易被情绪所左右，从而做出不理智的决策。因此，我们必须学会保持冷静，客观地分析问题，以便更好地采取措施。

其次，不要抱有侥幸心理。当我们面临损失时，往往会心存侥幸，认为事情可能会出现转机。然而，这种侥幸心理往往会让我们错过及时止损的最佳时机。所以，我们要克服侥幸心理，以理性的态度面对问题，并果断采取措施进行止损。

最后，要学会接受失败。及时止损并不意味着要放弃一切希望，而是要学会接受失败，并从中吸取经验教训。只有接受失败，我们才能不断地成长和进步，为未来的成功积累经验。

## 模仿，比摸石头过河更有效

在快速发展的现代社会，信息爆炸，知识更新速度日新月异。面对如此复杂多变的环境，个人或组织若仅凭一己之力，摸着石头过河，不仅效率低下，还容易陷入误区，甚至错失良机。相比之下，模仿作为一种高效的学习方法，能够让人们快速吸收前人的成功经验，避免重蹈覆辙，从而在短时间内实现跨越式发展。

模仿并非简单地复制粘贴，而是一种批判性的学习过程，它要求人们在借鉴的基础上，结合实际情况进行创新，最终达到青出于蓝而胜于蓝的效果。因此，模仿比摸石头过河更有效，是通往成功的一条捷径。

张先生是一位充满激情的创业者，他怀揣着改变世界的梦想，投身于一个全新的科技领域。张先生坚信自己的直觉与创新力，拒绝借鉴市场上已有的成功案例，坚持从零开始，自己摸索前进。

起初，他凭借着满腔热血和不懈努力，取得了一些小成就，但随着时间的推移，问题逐渐显现。由于缺乏对市场趋势的准确把握和对竞争对手的有效分析，张先生的项目进展缓慢，资金压力日益增大。

更糟糕的是，由于他没有及时模仿并吸收行业内优秀企业的最佳实践，导致他的产品在功能、用户体验等方面远远落后于竞争对手。最终，张先生的项目因资金链断裂而被迫中止，他的创业梦想也暂时搁置。

模仿，从字面上理解，即指按照某种现成的样子学着做。然而，在更广泛的语境下，模仿是一种深入的学习过程，它不仅仅是形式上的复制，更是对内在逻辑、经验教训的深刻理解和吸收。

模仿要求人们在学习他人时保持批判性思维，既要看到其成功之处，也要分析可能存在的问题与不足，从而在借鉴的基础上进行改进和创新。

在商业领域，模仿的应用广泛且深入，它不仅帮助企业快速掌握市场趋势，还促进了商业模式的创新和优化。

拼多多在发展过程中，也借鉴了淘宝的C2C（消费者对消费者）电商模式，但它在此基础上进行了创新，通过社交电商的方式，利用低价团购等策略，迅速吸引了大量用户。

在营销策略上，可口可乐和百事可乐长期以来一直相互模仿，从广告宣传、包装设计到市场活动等方面，都呈现出高度的相似性。然而，这种模仿并非简单地复制，而是在相互学习中不断优化和创新。

特斯拉作为电动汽车行业的领军企业，其技术创新成果也备受其他汽车制造商的关注和模仿。许多汽车制造商通过模仿特斯拉的技术创新成果，加

◐ 翻身

速了自己的电动汽车研发和生产进程。

人们要知道，模仿具有很多优越性。

一方面是时间与成本的节约。在竞争激烈的社会环境中，时间和成本是极其宝贵的资源。摸石头过河需要花费大量的时间和精力去试错，而模仿则能够让人们直接站在前人的肩膀上，利用他们已经验证有效的经验和方法，从而节省大量的时间和成本。这种高效的学习方式，使得个人和组织能够更快地适应变化，抓住机遇。

另一方面能降低风险，提高成功率。创新往往伴随着风险，尤其是在面对全新领域或未知挑战时。而模仿这种"站在巨人肩膀上"的策略，则通过借鉴成功案例，降低了创新过程中的不确定性，提高了项目的成功率，也为后续的自主创新提供了坚实的基础。

## 小成本试错，快速迭代方法论

小米手机、小米汽车的创始人雷军曾说："有机会一定要试一试，其实试错的成本并不高，而错过的成本非常高！"

在当今瞬息万变的商业环境中，小成本试错已成为众多企业探索新方向、验证市场需求的智慧策略。它倡导以低成本、低风险的方式快速测试创意与策略，从而在不确定性中寻找机遇，避免大规模投资可能带来的灾难性后果。

小成本试错不仅加速了企业的创新步伐，还增强了其市场适应能力和竞

## 第八章　进化，缩小与高手的差距

争力，是现代商业成功的关键要素之一。

2011年的一个夏日傍晚，两位年轻的斯坦福大学学生，埃文·斯皮格尔和鲍比·墨菲在宿舍后院举办了一场派对，为了增添乐趣，两人决定开发一款应用，让朋友们能够发送即时且会消失的照片和消息。这个简单的想法，便是Snapchat的雏形。

起初，他们并没有投入大量资金，而是利用课余时间，在学校的咖啡馆里，用一台二手电脑和基本的编程技能，开始了他们的项目。

他们首先面向身边的朋友和同学进行测试，收集反馈，并不断调整功能。在这个过程中，他们发现，人们对于能够即时分享又无需长久保存的生活片段有着强烈的兴趣，这让他们看到了市场的潜力。

然而，初期的推广并不顺利。由于资金有限，他们无法进行大规模的营销活动，只能依靠口碑传播和社交媒体上的小范围推广。但正是这种小成本试错的方式，让他们能够更加精准地了解用户需求，不断优化产品体验。

后来，他们增加了滤镜、贴纸等趣味功能，让拍照变得更加有趣和个性化，逐渐吸引了更多年轻用户的关注。

随着时间的推移，Snapchat的用户量开始快速增长，从最初的几十人到后来的数百万人、数亿人。他们的小成本试错策略也在这个过程中不断得到验证和优化。他们学会了如何通过数据分析来指导产品迭代，如何通过用户反馈来优化用户体验。最终，Snapchat不仅成为一款备受欢迎的社交应用，还成功吸引了众多投资者的目光。在经过多轮融资后，Snapchat的估值不断攀升，最终成功上市，成为全球瞩目的独角兽企业。

这一案例充分展示了小成本试错在推动商业成功中的重要作用。一般来说，小成本试错具有多重优势。

首先，小成本试错允许企业在不投入大量资金的情况下测试新想法，从而大大降低了失败的风险。即使试错失败，企业也能迅速调整方向，避免造成更大的损失。

其次，通过小范围测试，企业可以迅速收集到用户反馈和市场数据，进而对产品或服务进行快速迭代和优化。这种灵活性和敏捷性有助于企业紧跟市场趋势，满足消费者不断变化的需求。

另外，基于实际测试结果的决策更加准确可靠。小成本试错为企业提供了宝贵的数据支持，有助于企业做出更加明智的决策，减少盲目投资的可能性。

最后，通过不断试错和调整，企业能够更好地理解市场需求和消费者行为，从而制定出更加符合市场规律的发展战略。这种市场适应性是企业保持竞争优势的关键所在。

## 让"副业"成为财富第二增长曲线

在当今竞争激烈且充满不确定性的经济环境中，人们对于个人财富增长和职业发展的追求愈发强烈。单一的职业路径往往难以满足人们日益多元化的需求，而副业作为一种新兴的发展模式，正逐渐成为许多人实现财富第二增长曲线的重要途径。

副业的兴起并非偶然。一方面，它是人们对经济风险的一种应对策略。在不稳定的就业市场中，单一的收入来源可能会因各种因素而受到影响，如行业衰退、企业裁员等。通过开展副业，人们可以增加收入的稳定性，降低经济风险。

## 第八章 进化，缩小与高手的差距

另一方面，副业也是人们追求个人成长和实现自我价值的一种方式。在主职工作之外，通过从事自己感兴趣的副业，人们可以拓展自己的技能领域，提升个人综合素质，实现自我价值的最大化。

奥普拉·温弗里，这位在传媒领域极具影响力的人物，以其卓越的主持才能、精湛的演技和出色的制片能力而闻名于世。作为一名著名的电视节目主持人，奥普拉以其独特的风格和深刻的洞察力吸引了无数观众。她的节目不仅关注社会热点问题，还深入探讨人性、情感和人生价值，赢得了广大观众的喜爱和尊重。凭借着在电视领域的巨大成功，奥普拉积累了丰富的人脉资源和广泛的社会影响力。

然而，她的成就远不止于此，通过巧妙地将自身影响力延伸至商界，奥普拉成功地开辟了新的天地，成为一位令人瞩目的企业家。

在担任主持人的时候，奥普拉敏锐地洞察到了一个商业机会。她意识到，自己的品牌价值可以进一步拓展，为更多的人带来价值。于是，她创办了《奥普拉生活》杂志。这本杂志以奥普拉的个人形象和价值观为核心，涵盖了时尚、美容、健康、生活方式等多个领域。

通过杂志，奥普拉将自己的生活理念和经验分享给读者，同时也为广告商提供了一个极具吸引力的平台。凭借着奥普拉的品牌影响力和高质量的内容，《奥普拉生活》迅速获得了成功，成为时尚生活类杂志中的佼佼者。

除了杂志，奥普拉还创办了"奥普拉电视网"。这个电视网络旨在为观众提供更加丰富多样的节目内容，涵盖了电影、电视剧、纪录片、脱口秀等多个类型。奥普拉充分发挥自己在电视制作方面的优势，亲自参与节目策划和制作，确保节目质量和风格与自己的品牌形象相符。

同时，她还邀请了众多知名嘉宾和专家参与节目，为观众带来了更多的精彩内容。"奥普拉电视网"的推出，进一步扩大了奥普拉的商业版图，为她带来了丰厚的经济回报。

● 翻身

　　然而，要让副业真正成为财富第二增长曲线，并非易事。首先，需要明确自己的目标和定位。在选择副业时，不能盲目跟风，而应结合自己的兴趣、技能和市场需求，找到一个既符合自己发展方向又具有市场潜力的领域。例如，如果你对写作有兴趣，并且具备一定的文字功底，那么可以考虑从事自媒体写作、文案策划等副业；如果你擅长手工制作，可以尝试在电商平台上开设手工店铺，销售自己的作品。

　　明确目标和定位后，还需要制定合理的规划和策略。这包括确定副业的发展阶段、制定具体的行动计划以及合理分配时间和资源等。在发展初期，可以将重点放在积累经验和建立人脉上，通过不断学习和实践，提升自己的专业水平。随着副业的逐渐发展，可以考虑扩大规模、拓展市场，提高收入水平。

　　在开展副业的过程中，还需要注意平衡主职工作和副业之间的关系。主职工作仍然是大多数人的主要收入来源，不能因为副业而影响主职工作的表现。要合理安排时间和精力，确保主职工作和副业都能得到充分的关注和发展。可以制定详细的工作计划，合理分配时间，避免出现冲突和矛盾。

　　总之，让副业成为财富第二增长曲线是一个充满挑战和机遇的过程。在未来的经济发展中，副业将继续发挥重要的作用。随着科技的不断进步和社会的不断发展，新的副业领域和机会将不断涌现。人们需要保持敏锐的市场洞察力和创新精神，积极探索适合自己的副业发展道路。

第八章　进化，缩小与高手的差距

## 把不起眼的工作做出特色

在商业与职业的竞技场上，每个人都在追求成为各自领域的顶尖高手。然而，高手之所以能成为高手，并非仅仅因为他们拥有超凡的天赋或得天独厚的机遇，更多时候，是因为他们在每一个细节、每一项看似不起眼的工作中，都能倾注心血，做出与众不同的特色。对于渴望缩小与高手差距的人们而言，掌握这一秘诀，无疑是一条通向成功的捷径。

不起眼的工作，往往因其重复性、琐碎性而被忽视。然而，正是这些看似微不足道的任务，构成了企业运营的基石，也是个人能力提升的试炼场。高手之所以能在众多竞争者中脱颖而出，正是因为他们懂得如何在平凡中寻找不平凡，将每一项工作都视为一次创新的机会，一次自我超越的契机。

在商业领域，娃哈哈创始人宗庆后的传奇经历令人赞叹。他曾历经 15 年农场岁月，42 岁方才开启创业征程。短短 20 年间，竟将一个仅三名员工的校办企业，铸就为中国饮料业巨擘。

一次电视台访谈中，主持人先抛出若干热门问题后，拿出一瓶普通娃哈哈矿泉水，接连问了宗庆后三个问题。首问瓶口螺纹几圈，宗庆后毫不犹豫地答曰"四圈"，经主持人校验，准确无误。次问瓶身几道螺纹，他再度迅速回应"八道"，虽主持人数得只有六道，但宗庆后指出上面还有两道。两问未难倒宗庆后，主持人仍不甘心，拧开瓶盖提出第三个问题，询问

## 翻身

瓶盖上有几个齿。宗庆后微笑作答："一个普通矿泉水瓶盖上，一般有18个齿。"主持人数后，果真是18个。

财富神话总令人好奇。一位身家超百亿的企业家，管理众多公司与庞大团队，开发多种饮料产品，每日事务烦杂，却对矿泉水瓶盖上的齿数了如指掌。从中可见其成功之道。

的确，若将一个人从事的事业比作一瓶矿泉水，也应如宗庆后般，对细节了若指掌。只有这样，人们才有望在竞争激烈的商业世界中迈向成功。细节决定成败，关注每一个细微之处，方能铸就辉煌。

要把不起眼的工作做出特色，首先需要的是一种积极主动的态度。

在职场上，人们不难发现，有些人总是抱怨工作无聊、没有挑战性，而高手们则能从最简单的任务中找到乐趣和价值。这种态度的转变，是缩小与高手差距的第一步。积极主动，意味着不仅仅满足于完成任务，更要思考如何优化流程、提高效率，甚至是在细微之处进行创新，让工作成果超出预期。

其次，要想在不起眼的工作中做出特色，还需要培养敏锐的洞察力和独特的思维方式。

高手们往往能从日常琐碎中捕捉到别人忽视的细节，通过深入思考，发现其中的改进空间或创新点。这种能力并非天生，而是需要通过不断地学习和实践来积累。我们可以尝试多读书、多学习新知识，拓宽自己的视野，同时，也要勇于尝试不同的解决问题的方法，敢于挑战传统思维，从而在平凡的工作中创造出不一样的火花。

再者，执行力的强弱也是决定能否将不起眼的工作做出特色的关键因素。

很多时候，我们有好的想法和创意，但却因为缺乏执行力而让这些想法胎死腹中。高手们则不同，他们不仅善于思考，更善于行动。他们知道，只有将想法转化为实际的行动和成果，才能真正体现出自己的价值。因此，提升执行力，做到言行一致，是人们在追求工作特色的过程中必须修炼的一项能力。

此外，要想在不起眼的工作中做出特色，还需要有一种持之以恒的精神。任何一项工作的改进和创新，都需要时间的积累和持续的努力。高手们之所以能够在某些方面达到炉火纯青的地步，正是因为他们在长期的实践中，不断打磨、不断精进，从不轻言放弃。对于普通人来说，同样需要培养这种坚韧不拔的毅力，即使面对再小的工作，也要全力以赴，做到最好。

## 寻找真"风口"，会让你飞得更高

风口，在经济领域中通常被理解为具有巨大发展潜力和机遇的领域或趋势。当一个人能够准确地抓住风口，就如同站在了时代的浪潮之上，能够借助强大的力量实现快速的发展和进步。对于那些渴望在事业上取得突破的人来说，风口无疑是实现弯道超车的重要途径。在风口之上，资源会更加集中，机会也会更多，人们可以利用这些优势迅速提升自己的实力和地位。

风口之所以重要，是因为它代表着时代的趋势和未来的方向。在风口期，新的技术、新的模式、新的需求层出不穷，这为个人和企业提供了前所未有的创新机会。谁能够敏锐地捕捉到这些机会，谁就能够成为引领行业变革的先行者。

同时，风口也是推动个人和企业成长的重要动力。在风口期，市场快速

## ◐ 翻身

增长，资源大量涌入，这为个人和企业提供了广阔的舞台和丰富的资源。如果能够把握住风口，就能够实现快速成长，甚至超越那些原本遥遥领先的高手。

史蒂夫·乔布斯可以说是找到风口并获得巨大成功的典型代表。

在个人电脑兴起的初期，乔布斯敏锐地察觉到了这个领域的巨大潜力。当时的计算机大多是为专业人士设计，操作复杂且体积庞大。乔布斯看到了普通消费者对于便捷、美观且功能强大的个人电脑的潜在需求，这就是一个巨大的风口。

他带领苹果团队推出了具有划时代意义的麦金塔电脑（Macintosh），以其简洁的设计、直观的图形用户界面和易用性，迅速吸引了广大消费者的关注。这款电脑不仅在技术上实现了突破，更是在用户体验上树立了新的标杆。

随着科技的不断发展，乔布斯又准确地抓住了数字音乐播放器这个风口。当时，音乐市场面临着版权混乱、音乐播放设备不便携等问题。乔布斯推出了 iPod，它以小巧的体积、大容量存储和便捷的操作，彻底改变了人们听音乐的方式。同时，配合 iTunes 音乐商店，解决了音乐版权问题，为用户提供了合法、便捷的音乐下载渠道。

之后，乔布斯再次引领潮流，推出了 iPhone 和 iPad 等产品，开创了智能手机和平板电脑的新时代。

然而，我们也要清醒地认识到，并非所有的风口都是真风口，市场上也存在着许多假风口。假风口往往是一些表面上看起来很有潜力，但实际上缺乏可持续发展能力的领域或趋势。这些假风口可能是由于市场的短期炒作、跟风行为或者错误的判断而产生的。如果一个人盲目地追逐假风口，不仅无法实现弯道超车，还可能会陷入困境，浪费大量的时间和资源。

因此，我们要学会区分好真风口和假风口。

首先，我们要从市场需求的角度出发，判断一个领域或趋势是否具有真实的市场需求。真正的风口应该是能够解决实际问题、满足真实需求的领域或趋势。

其次，我们要从技术创新的角度出发，判断一个领域或趋势是否具有可持续发展的能力。真正的风口应该是基于技术创新的领域或趋势，这些技术创新能够为社会带来真正的价值和进步。

最后，我们要从行业竞争的角度出发，判断一个领域或趋势是否具有足够的竞争优势。真正的风口应该是那些具有独特竞争优势的领域或趋势，这些竞争优势可以帮助企业在激烈的市场竞争中脱颖而出。

那么，如何寻找真风口呢？一方面，我们要保持敏锐的市场洞察力。要时刻关注社会经济的发展动态、行业趋势的变化以及人们需求的变化。

另一方面，在发现潜在的风口领域后，人们要进行深入的市场调研和分析，了解这个领域的市场规模、发展前景、竞争格局、技术创新等方面的情况，从而更加准确地判断一个领域是否是真风口，以及人们在这个领域中的发展机会和挑战。

## 抵制低效，熬时间没有任何意义

在当今快节奏的工作环境中，人们常能观察到一类人：他们似乎与时间赛跑，加班至深夜，周末无休。然而，这种"熬时间"的行为，真的能等同于高效吗？答案显然是否定的。

◐ 翻身

这种现象揭示了一个普遍存在的问题：许多人陷入了"时间贫困"的陷阱，即通过延长工作时间来弥补效率的不足，却忽视了时间管理的核心本质——不在于投入多少小时，而在于这些时间内完成了多少有价值的产出。

时间贫困不仅导致个体时间的无谓浪费，更是对个人职业发展构成潜在威胁。对个人而言，长期低效的工作模式会导致工作压力不断累积，进而影响身心健康，降低工作满意度与生活质量。更为严重的是，它可能滋生拖延习惯，削弱个人的自我驱动力与成就感，形成一个难以打破的恶性循环，使个人陷入职业成长的停滞状态。

那么，如何实现高效工作，从而跳出时间贫困的陷阱呢？这需要人们从策略规划、工具应用与心态调整三方面入手，形成一套系统化的方法论。

首先，策略层面的规划是实现高效工作的基石。明确目标与优先级是首要任务。人们应采用SMART原则（具体、可测量、可达成、相关性、时限性）来设定清晰、具体的目标，并根据任务的紧急性与重要性进行排序。

为了进一步提高工作效率，人们可以实施"番茄工作法"或"时间块管理"，将工作时间分割为专注区间与短暂休息，这样既能保持高度的集中力，又能避免长时间工作带来的疲劳。

以某知名互联网公司的一位产品经理为例，他起初总是忙于应对各种紧急需求，经常加班到深夜，但产品的迭代速度和质量始终不尽如人意。为了改变这一状况，他开始实践时间管理和优先级排序。他每天早上都会列出当天要完成的任务，并根据轻重缓急将所有事情分成四类：重要且紧急、重要但不紧急、不重要但紧急、不重要且不紧急。

通过这种方法，这位产品经理不仅显著减少了加班时间，还大幅提高了产品的迭代速度和质量，最终赢得了公司的认可。

其次，工具应用是高效工作的加速器。在数字化时代，人们应充分利用项目管理软件、日程应用、自动化工具等数字化工具，以提升任务分配、进度跟踪与协作的效率。云存储与即时通信工具则能确保信息的即时共享与访问，从而大大减少沟通成本。掌握并善用这些工具，能让工作流程更加顺畅，减少不必要的时间损耗。

最后，要提高自己的专注力和执行力。在工作或学习中，保持高度的专注力是至关重要的。人们应尽量避免分心和干扰，可以通过关闭手机、电脑等电子设备的通知功能，创造一个相对安静的工作环境，以提高自己的专注力。

同时，提高自己的执行力也是实现高效工作的关键。一旦确定了目标和计划，就应立即行动起来，不要拖延和犹豫。我们可以通过设定具体的行动步骤和时间节点来督促自己按时完成任务，从而确保计划的顺利执行。

总的来说，在当今这个快节奏的社会中，时间成为最宝贵的资源。单纯地熬时间并不能保证任务的高质量完成，反而可能会让人陷入疲惫和焦虑之中。真正重要的是如何在有限的时间内高效地完成任务并实现目标。

# 第九章
# 断情，破除一切情绪困扰

## 远离"情绪黑洞"，别被他人的坏情绪污染

在浩瀚的宇宙中，黑洞以其强大的引力吞噬着周围的一切，连光线也无法逃脱其束缚。而在人类的情绪世界里，同样存在着一种"情绪黑洞"，它以其独特的方式影响着人们的生活与职业发展。

情绪黑洞的特征显著，其中最为突出的是其爆发的强烈程度。这种情绪状态超越了平时的情绪波动范围，一旦触发，便如脱缰的野马，将个体拖入无尽的深渊。面对这样的情绪黑洞，人们必须保持高度警惕，因为此时的情绪已不再是简单的情绪波动，而是可能演变为一场心灵的浩劫。

晓风的故事，便是一个生动的例证。自大学毕业后，他频繁更换工作，年近三十却未能积累下足够的财富。问题的根源，便在于他那异常剧烈的情绪波动。

初入职场时，晓风在一家设计公司任职，然而总监的严厉与苛刻让他时

## 第九章　断情，破除一切情绪困扰

刻处于焦虑之中。一次偶然的批评，竟成了他情绪崩溃的导火索。接连数日，他陷入低迷状态，精神内耗严重，不断质疑自己的能力与价值。

这种失落与沮丧的情绪如同黑洞一般，吞噬了他的工作热情与创造力，导致业务频频出错，进而招致更多的批评。最终，在满腹委屈与无奈之下，晓风选择了离职。然而，此后的多份工作尝试均未能改变这一困境，他始终无法摆脱负面情绪的泥淖，职业生涯也因此停滞不前。

情绪黑洞状态下，人们往往容易陷入过度思考的危机之中。无论是失恋后的悲伤，还是低落情绪的侵袭，都会导致个体陷入一种消极的思维循环中。在这种状态下，人们往往会夸大自己的不足与失败，忽视自身的价值与潜力。

正如美国作家约翰·斯坦贝克所言："一个失落的灵魂能很快杀死你，远比细菌快得多。"生活中的挫折与困难往往让人心生畏惧与焦虑，而现实的磨砺也可能让人陷入悲观与消极之中。然而，生活的挑战并不会因为人们的逃避而停止。若总是被负能量所消耗，人们终将失去翻身的能力与机会。

在投资界传奇人物巴菲特的职业生涯中，也曾有过因情绪波动而犯下的严重错误。这一失误导致了他担任总裁以来的最低营收。在致股东的公开信中，他深刻反省了自己的行为："当市场需要我重新审视投资决策并迅速采取行动时，我却陷入了情绪的波动之中，导致了决策的失误。"

在巴菲特的投资理念中，保持情绪稳定是一个至关重要的原则。无论是受到委屈还是遭遇挫折，若一味与情绪纠缠不清，只会让事情变得越来越糟。唯有摆脱情绪的枷锁，才能以冷静与理智的态度面对挑战，从而将财富装进口袋里。

程序员汪超的经历也为人们提供了宝贵的启示。在一次加班至凌晨两点后，他正准备休息时却收到了老板的严厉批评。面对这一突如其来的打击，

◐ 翻身

他气愤之下准备回击。

然而,在写完一封充满抱怨与辩解的邮件后,汪超突然冷静了下来。他开始反思自己的行为:"这些话有用吗?能让我改变现状吗?"

经过深思熟虑后,汪超删除了所有抱怨与辩解的内容,只回复了一句话:"我会尽快整改。"此后,他开始反省自身的问题并加以改进。很快,他在下一次考核中取得了优异的成绩,不仅级别得到了提升,工资也翻了一番。

正如稻盛和夫在《干法》一书中所言:"成功不要有无谓的情绪,当下最要紧的一件事就是先把事做好。"我们每多一分钟沉浸在情绪的泥潭里,就少一分钟来解决实际问题。

因此,修炼好情绪、排除负能量的干扰是人们干好工作、赚取财富的关键所在。只有当人们能够掌控自己的情绪时,才能在职业生涯中走得更远、更稳。

## 不要太合群,融不进的圈子不要硬融

圈子,可视为由共同兴趣、价值观、目标或背景的人们自发形成的非正式网络。这些圈子不仅是信息交流的渠道,更是资源共享、信任建立与合作机会产生的温床。圈子文化之所以存在,是因为它能有效降低交易成本,提高合作效率,是市场经济中自发秩序的一种体现。

人们常常面临着各种各样的圈子。有些圈子看似充满诱惑,散发着成功

## 第九章 断情，破除一切情绪困扰

的光芒、权力的魅力或是社交的热度，但并非每个圈子都值得人们去奋力挤入。融不进的圈子不要硬融，这是一种智慧的生存法则，也是在复杂的人际关系和经济活动中保持自我、实现价值的重要原则。

在人际关系方面，融不进的圈子硬融也会带来诸多问题。每个人都有自己独特的性格、价值观和生活方式，不同的圈子也有着各自的文化和氛围。当人们试图强行融入一个与自己格格不入的圈子时，往往会感到压抑和不自在。在这样的圈子里，人们可能需要不断地伪装自己、迎合他人，以获得认可。然而，这种伪装和迎合往往是不可持续的，最终会让人们失去自我。

而且，在不适合的圈子里，人际关系也往往难以真正深入和持久。因为缺乏共同的兴趣爱好、价值观和生活经历，很难建立起真正的信任和友谊。即使表面上看起来关系融洽，但在关键时刻，可能无法得到真正的支持和帮助。

此外，硬融圈子还可能会带来心理压力和挫折感。当人们努力尝试融入一个圈子却始终无法成功时，会产生自我怀疑、焦虑和沮丧等负面情绪。这种心理压力不仅会影响人们的心理健康，还可能会影响到人们在其他方面的表现和决策。

比如，一个职场新人渴望融入公司的核心团队，但由于自身能力和经验的不足，始终无法得到认可。在这个过程中，他可能会不断地自我否定，对自己的职业发展产生迷茫和恐惧，甚至影响到工作的积极性和创造力。

那么，如何判断一个圈子是否值得融入呢？

首先，要考虑自身的目标和价值观。一个与自己的目标和价值观相符的圈子，能够为人们提供更多的动力和支持。例如，如果人们的目标是在某个特定领域取得专业成就，那么融入一个由该领域专家和爱好者组成的圈子，将有助于人们获取知识、交流经验、拓展人脉，从而更好地实现自己的目标。

◐ 翻身

其次，要评估自身的实力和资源。一个圈子通常有一定的门槛和要求，如果人们的实力和资源无法满足这个圈子的需求，那么强行融入可能会带来很多困难和挫折。

最后，要观察圈子的文化和氛围。一个积极、开放、包容的圈子能够让人感到舒适和自由，而一个封闭、排外、消极的圈子则会让人感到压抑和不安。

如果发现一个圈子不适合自己，或者无法融入，我们应该怎么办呢？

首先，要保持自信和独立。不要因为无法融入某个圈子而否定自己的价值和能力。每个人都有自己的独特之处和优势，我们应该相信自己，坚持自己的价值观和生活方式。

其次，要寻找适合自己的圈子。世界如此之大，总有一个圈子能够与我们相互契合。我们可以通过参加各种活动、加入兴趣小组、拓展社交网络等方式，寻找那些与自己有共同兴趣爱好、价值观和目标的人，组成属于自己的圈子。

最后，要专注于自身的发展。无论是否融入某个圈子，我们的最终目标都是实现自己的价值和幸福。只有当我们自身变得强大和优秀时，才能吸引更多与我们志同道合的人，形成更有价值的圈子。

总之，融不进的圈子不要硬融，这是一种理性和智慧的选择。在人生的旅途中，我们要学会辨别适合自己的圈子，保持自信和独立，寻找真正属于自己的舞台。只有这样，我们才能在复杂的人际关系和经济活动中保持自我、实现价值，走向成功的彼岸。

第九章　断情，破除一切情绪困扰

## 断舍离，不再添加被删除的人

在数字化时代，社交媒体如同一张无形的网，将人们的生活紧密相连，其中微信作为最受欢迎的即时通讯工具之一，不仅承载了日常的沟通交流，也悄然成为了人们人际关系的一面镜子。

然而，随着社交圈的扩大与缩小，一个微妙而普遍的现象逐渐显现：一些人会在不经意间被人们从好友列表中删除，或是人们发现自己已被对方悄然移除。面对这样的"单向删除"，许多人会感到困惑、失落甚至愤怒，但在这份情绪背后，或许隐藏着一次自我成长的契机——学会不再添加那些被微信好友删除的人，实际上是一场心灵的自我救赎。

李华性格开朗，乐于助人，微信里总是热闹非凡，朋友遍布各行各业。然而，一次偶然的机会，他在整理朋友圈时发现，自己给一位多年未见的大学室友小张发送的消息显示"对方开启了朋友验证，你还不是他（她）朋友"。这一简单的提示，如同晴天霹雳，让李华的心情瞬间跌入谷底。

李华和小张曾是无话不谈的好友，毕业后虽然各奔东西，但偶尔的微信联系总能让他们回忆起那段青涩岁月。李华本以为这份友情能够跨越时间和空间的距离，却未曾料到，自己竟在不知不觉中被对方从生活中抹去。他开始反思，是不是自己哪里做得不够好，让小张选择了这样的方式来结束这段关系？他尝试通过其他途径联系小张，但始终没有得到回应。那段时间，李

◐ **翻身**

华的心情异常低落，工作也受到了影响，他感到前所未有的孤独和挫败。

被微信好友删除后产生的苦恼，其危害远不止于情绪上的波动。

首先，它可能引发自我怀疑和否定。人们往往会将对方的行为解读为对自己价值的否定，从而陷入自我否定的漩涡，影响自信心和自尊心。

其次，过度纠结于这一事件，会消耗大量的时间和精力，让人难以集中精力去面对生活和工作中的其他挑战。

再者，长期沉浸在负面情绪中，还可能对身心健康造成不良影响，如焦虑、抑郁等心理问题，甚至影响到睡眠质量和饮食习惯。

最后更为深远的是，这种苦恼还可能破坏人们与他人建立健康关系的能力。当我们过于在意他人的看法，害怕再次被抛弃时，就会不自觉地在人际交往中变得小心翼翼，难以展现真实的自我，从而错失了许多建立深厚友谊和亲密关系的机会。

然而，当我们冷静下来，从另一个角度审视这一事件时，会发现那些轻易删除我们的人，或许并不值得人们如此珍惜。

真正的友情和关系是建立在相互尊重和理解的基础之上的。如果对方连基本的沟通都不愿进行，就直接选择删除，那么这样的关系本身就存在着问题。它可能并非我们想象中的那样坚固和深厚，而只是基于某种表面的联系或利益。因此，被删除或许只是让我们提前看清了这一事实，避免了未来可能的更大伤害。

人生就像一列行驶的火车，总会有人上车，也会有人下车。在这个过程中，我们会遇到形形色色的人，有的会成为我们一生的挚友，有的则只是匆匆过客。对于那些选择离开的人，我们无需过分留恋和惋惜。因为每一次的离别，都是为了让我们有机会遇见更好的人和事。

更重要的是，我们要学会关注自己的内心需求，培养自我认同感和价值感。当我们不再过分依赖外界的认可来定义自己时，就会发现，即使被某些人删除，也不会影响到我们的自我价值和幸福感。因为真正的幸福来源于内心的丰盈和满足，而非外在的社交关系。

因此，面对被微信好友删除的情况，我们应该学会放下，不再尝试添加那些已经选择离开的人。相反，我们应该将这份时间和精力投入到自我成长和提升上，去遇见更多志同道合的朋友，去创造更加丰富多彩的人生。

## 不要为与己无关之人操心

在纷繁复杂的人际交往中，我们时常会不自觉地为那些与自己并无直接关联的人或事操心忧虑。这种过度的关注不仅消耗了我们的精力，还可能让我们陷入无尽的烦恼之中。

张丽是一位心地善良、富有同情心的年轻女性。她总能在日常生活中发现他人的不易，并愿意伸出援手给予帮助。然而，这种乐于助人的性格也让她陷入了无尽的烦恼之中。

比如，她的一位远房亲戚小李，因家庭矛盾频繁向张丽倾诉。起初，张丽耐心倾听，尽力提供建议，但随着时间的推移，小李的问题似乎永远没有尽头，而张丽自己的生活和工作却因此受到了严重影响。她发现自己开始频繁地担心小李的处境，甚至在梦中也会梦到那些令人焦虑的场景。更糟糕的是，当张丽试图减少与小李的联系时，内心却充满了愧疚感，觉得自己是在逃避责任。

此外，张丽还经常在社交媒体上看到各种求助信息和悲惨故事，她会不

◐ 翻身

由自主地关注并转发，希望引起更多人的注意和帮助。然而，这些与她生活无直接关联的信息却像潮水般涌来，让她感到疲惫不堪，甚至有些信息的真实性都难以判断，但她依然无法停止关注。

为与自己无关的人而操心，其危害是多方面的。

首先，它严重消耗了个人的时间和精力。每个人的时间和精力都是有限的，当我们过多地关注他人时，就会忽略自己的需求和成长。长此以往，不仅会影响我们的工作和学习效率，还可能导致身心疲惫，影响生活质量。

其次，它容易引发负面情绪。当我们为他人的问题担忧时，往往会陷入焦虑、抑郁等负面情绪中。这些情绪不仅会影响我们的心理健康，还可能影响我们与他人的关系，变得易怒、敏感或疏远。

再者，它可能导致我们失去自我。当我们过分关注外界的评价和期望时，就会忽略自己内心的声音和需求。我们可能会为了迎合他人而改变自己，放弃自己的原则和梦想，最终迷失在纷扰的世界中。

最后，它还可能让我们陷入无休止的循环中。有时候，我们为了帮助他人而付出努力，但结果却可能并不如人意。这时，我们可能会感到沮丧和失望，但又不愿放弃继续尝试。这种无休止的循环不仅让我们筋疲力尽，还可能让我们失去对生活的热情和信心。

要摆脱为与己无关之人操心的困境，我们可以从以下几个方面入手：

设定界限：明确自己的责任范围，学会拒绝那些超出自己能力或意愿的请求。告诉自己，每个人的生活都需要自己负责，我们不能也不应该为所有人承担一切。

关注自我：将更多的时间和精力投入到自己的成长和发展中。无论是学习新技能、锻炼身体还是培养兴趣爱好，都是提升自我价值感和幸福感的有效途径。当我们变得更加自信和充实时，就会减少对他人问题的过度关注。

筛选信息：在信息爆炸的时代，我们需要学会筛选和过滤信息。对于社交媒体上的求助信息和悲惨故事，我们可以选择性地关注并转发那些真正需要帮助且我们有能力提供帮助的内容。同时，也要保持理性思考，不轻易被情绪所左右。

总之，"不要为与己无关之人操心"是一种智慧的生活态度。它并不意味着我们要变得冷漠无情或自私自利，而是要学会在关爱他人的同时保持自我独立和内心平静。只有这样，我们才能真正地享受生活的美好和自由。

## 摆脱"吞钩现象"，困境中学会自救

在人生的漫长旅程中，人们常常会遭遇各种挑战与困境，而"吞钩现象"无疑是其中极为棘手的一种。它恰似一道心灵的枷锁，将人紧紧束缚在负面情绪的漩涡中，难以挣脱。

以葛龙这位年轻有为的企业家为例。他曾凭借敏锐的市场洞察力和不懈的拼搏精神，在创业初期取得了令人艳羡的成就。然而，命运的转折突如其来，一次重大的投资决策失误，使他的公司陷入前所未有的危机，濒临破产边缘。此次失败犹如一记沉重的打击，瞬间摧毁了葛龙的自信心。

自此，葛龙仿佛被一只无形的钩子牢牢钩住。他不断地回顾那次决策的每一个细节，反复剖析、放大，自责与懊悔如潮水般汹涌袭来，完全淹没了他的理智与思考。他开始对再次失败充满恐惧，对任何新的想法和机会都疑虑重重，生怕重蹈覆辙。这种心态严重阻碍了他的判断力和行动力，在公司复苏的关键节点，他犹豫不决，一次次错失良机。

## ◐ 翻身

随着时间的流逝，葛龙的情绪困境愈发严重。他陷入失眠、焦虑之中，甚至出现了抑郁的倾向。家庭关系也因此受到极大影响，妻子和孩子都深切感受到了他的变化，家庭氛围变得沉闷压抑。葛龙清楚地意识到自己已深陷吞钩现象的泥沼，但却不知如何寻找解脱之路。

吞钩现象，其源头可类比于钓鱼时鱼儿因贪食而上钩，被鱼钩刺入后难以逃脱的情景。在心理学领域，它被用来比喻个体在经历挫折、失败或错误决策后，过度沉溺于过去的痛苦经历，无法自拔的心理状态。这种状态往往伴随着强烈的自责、懊悔、恐惧与焦虑，致使个体难以集中精力应对当下，更无法勇敢地迈向未来。

吞钩现象的核心在于"执着于过去"。它阻碍了个人从失败中学习、成长和前进的能力。在心理学上，也可视为一种"反刍思维"，即反复思考过去的负面事件，却未能从中汲取教训或采取行动改变现状。长期处于这种状态，不仅会对个体的心理健康造成严重影响，还可能对其社交、职业乃至整个人生产生深远的负面效应。

那么，如何摆脱吞钩现象呢？首先，我们要认识到吞钩现象往往源于对某些事情的遗憾、后悔或者无法接受现实。然而，过去的事情已然无法改变，我们无法回到过去去修正那些遗憾。我们不能一直纠结于过去的错误决策，而应着眼于当前的市场形势和未来的发展方向。因此，我们需要学会接受过去，理解它已经成为我们生命历程中的一部分，无法改变。

要摆脱这种情绪困境，我们需要学会转移注意力，将焦点放在现在和未来。我们可以尝试设定一些具体的、可实现的目标，让自己忙碌起来，充实自己的生活。当我们投身于有意义的事情中，取得一些成就时，就会发现，那些过去的遗憾和痛苦逐渐变得不那么重要了。

此外，过度的自责与懊悔只会加剧内心的痛苦，让我们更加难以摆脱吞钩现象。因此，学会宽恕自己至关重要。我们要意识到，人非圣贤，孰能无过？通过自我宽恕，人们能够减轻心理负担，为重新出发腾出空间。

总之，摆脱吞钩现象需要我们有勇气面对过去，有智慧把握现在，有信心展望未来。只有这样，我们才能在人生的道路上不断前行，实现自己的价值。

## 情绪处理三部曲：What,Why,How

在快节奏的现代生活和高压的职业环境中，处理不良情绪成为一项至关重要的能力。不良情绪不仅影响个人的心理健康，还可能对工作绩效、团队合作乃至整个职业生涯产生深远的负面影响。

当人们被愤怒、焦虑、沮丧等不良情绪所笼罩时，人们的思维往往会变得狭窄和短视，难以做出理性的判断和明智的决策。此外，不良情绪还会影响人际关系和团队合作。在工作场所或社交场合中，不良情绪的爆发可能会引发冲突和矛盾，破坏和谐的氛围，降低团队的凝聚力和工作效率。

长期处于不良情绪中，会对我们的身体和心理造成严重的伤害。焦虑和压力可能导致失眠、头痛、消化不良等身体问题，而抑郁、愤怒等情绪则可能引发心理疾病。

因此，掌握快速有效处理不良情绪的技巧，对于维护个人职业形象、提升工作效率以及维持身体健康具有不可忽视的作用。

那么，如何处理不良情绪呢？下面将介绍三个步骤：What,Why,How。

◐ 翻身

第一步：What——明确产生了什么样的不良情绪。

处理不良情绪的第一步是准确识别并命名自己的情绪。这要求人们有足够的情绪觉察力，能够敏锐地捕捉到内心的微妙变化。比如，在一次重要的项目汇报后，如果感到心里不舒服，人们需要具体分辨这是"失望"还是"挫败"，或是"焦虑"。精确的情绪识别有助于人们更清晰地认识到自己当前的心理状态，为后续的分析和处理奠定基础。

在实践中，可以通过以下方法进行情绪识别：

日记记录：每日记录自己的情绪变化及触发事件，培养情绪觉察力。

情绪词汇表：制作或使用现成的情绪词汇表，帮助自己更准确地命名情绪。

自我反思：定期进行自我反思，回顾近期情绪变化，分析背后的原因。

第二步：Why——分析为什么会出现这种不良情绪。

在明确了不良情绪之后，人们需要深入分析产生这些情绪的原因。不良情绪的产生往往是由多种因素共同作用的结果，可能是外部环境的压力、个人的期望与现实的差距、人际关系的问题等。通过分析原因，人们可以更好地理解自己的情绪，找到解决问题的关键。

以工作中的难题为例，人们可以思考："为什么我会感到焦虑和沮丧呢？是因为这个难题太难了，超出了我的能力范围？还是因为我对自己的要求太高，担心无法完成任务？或者是因为我与同事之间的沟通出现了问题，导致工作进展不顺利？"

通过这样的分析，人们可以找到不良情绪产生的根源，从而有针对性地采取措施。

第三步：How——采取行动，从不良情绪中走出来。

识别情绪并分析原因之后，最重要的是采取实际行动，以积极的方式应对和调节不良情绪。这一步强调的是解决问题的能力，即通过具体行动来改变现状，从而改善情绪状态。

具体措施可包括：

调整心态，改变认知。不良情绪往往与人们对事物的看法和认知有关。如果人们能够调整自己的心态，改变对问题的认知，就可以有效地缓解不良情绪。例如，当人们遇到困难时，可以从积极的角度去看待问题，把它看成一个成长和学习的机会。

采取行动，解决问题。如果不良情绪是由具体的问题引起的，那么人们可以采取行动来解决问题。例如，如果是工作中的难题导致了焦虑和沮丧，人们可以制定一个详细的计划，逐步解决问题。

寻求支持，释放情绪。当人们无法独自处理不良情绪时，可以寻求他人的支持和帮助。可以与朋友、家人、同事或专业心理咨询师交流，分享自己的感受和困惑。他们的理解、支持和建议可以帮助人们更好地应对不良情绪。

## 提升共情能力，人类的悲喜并不相通

在复杂多变的社会环境中，人际关系的质量直接影响到人们的生活质量与幸福感。而共情能力，作为人际交往中不可或缺的核心要素，扮演着至关重要的角色。

共情，简而言之，就是能够设身处地地理解并感受他人情绪、想法和经历的能力。它不仅是沟通的桥梁，更是心灵相通的纽带。

## ◎ 翻身

在繁忙的都市生活中，马柔是一个典型的"工作狂"，他聪明、勤奋，总能在职场上取得优异的成绩。然而，在同事和朋友的眼中，他却是一个难以接近、缺乏人情味的存在。马柔的问题，根源在于他极度缺乏共情能力。

一次，团队中一位成员因家庭变故情绪低落，工作效率明显下降。团队成员纷纷表示关心和支持，而马柔却对此不以为然，甚至认为对方是在找借口偷懒。他不仅没有给予任何安慰或帮助，反而在会议上公开批评对方的工作态度，言辞之犀利让在场的所有人都感到震惊和不适。

此事之后，马柔在团队中的形象急转直下，原本就紧张的人际关系变得更加脆弱。同事们开始有意无意地疏远他，甚至在私下里议论他的冷漠无情。

随着时间的推移，马柔发现自己越来越难以融入集体，无论是工作还是生活都感到前所未有的孤独和挫败。他开始意识到，自己之所以被孤立，很大程度上是因为缺乏共情能力，无法理解和感受他人的情感需求。

共情能力，又称同理心，是指个体能够站在他人的立场，设身处地地理解并感受他人情绪、想法和经历的能力。它不仅仅是一种情感上的共鸣，更是一种认知上的理解和接纳。共情能力强的人，能够敏锐地捕捉到他人的情绪变化，理解他人的内心世界，从而以更加贴心和有效的方式与他人沟通和交往。

一般来说，共情能力强的人能够更好地理解他人的需求和感受，减少误解和冲突，从而建立起更加和谐的人际关系。另外，共情能力能够帮助人们更加准确地把握对方的情绪状态，调整沟通策略，使沟通更加顺畅和有效。

共情能力强的人更容易发现自己的不足和成长的空间，从而更加积极地寻求改变和提升。而且在团队或组织中，共情能力强的领导者能够更好地理解团队成员的心态和需求，激发团队成员的积极性和创造力，增强团队的凝聚力和向心力。同时，他们也能够更加准确地把握市场趋势和客户需求，制定出更加符合实际的战略和计划。

共情能力使我们能够感受到他人的快乐和痛苦，这种情感的共鸣能够增强我们的情感体验和幸福感。当我们能够帮助他人解决问题、缓解痛苦时，我们也会感受到内心的满足和快乐。

共情能力好处如此之多，那么我们应该如何提升共情能力呢？

自我觉察是提升共情能力的第一步。我们需要时刻关注自己的情绪变化，思考这些情绪背后的原因和触发因素。通过冥想、写日记等方式，我们可以更加清晰地认识自己的内心世界，为理解他人打下坚实的基础。

倾听是共情能力的重要体现。真正的倾听不仅仅是耳朵在工作，更是全身心的关注。在倾听时，我们需要放下自己的偏见和成见，全神贯注地关注对方的话语和情绪。通过点头、微笑、重复对方的话语等方式，表达出自己的关注和理解，让对方感受到被尊重和被重视。

表达同理心是提升共情能力的关键。当我们理解了对方的情绪后，需要通过适当的方式表达出来。可以使用"我理解你的感受""我知道这对你来说很难"等表达方式，让对方感受到人们的理解和共鸣。但需要注意的是，表达同理心并不等于简单地附和或同情，而是要在理解的基础上提出建设性的建议或帮助。

# 第十章
# 折腾，逆风翻盘的唯一路径

## 只有一万元，你会做什么

在探讨财富自由的路径时，人们往往会发现，传统的、平稳的工作模式并不总是通往财务自由的最佳选择。尤其是对于资金有限的个体而言，个人的每一笔支出和储蓄都显得尤为重要，单纯依靠储蓄或稳定的职业收入来实现财富积累，其效果往往不尽如人意。

这是因为，在通货膨胀和货币时间价值的影响下，小额资金的储蓄收益往往难以抵消物价上涨带来的资产缩水。换言之，即便你能够将有限的收入悉数存入银行，其实际购买力也可能随着时间的推移而逐渐下降。

更为关键的是，储蓄行为本身忽略了资金的投资潜力。在资金量较小的情况下，通过合理的投资配置，即使风险较高，也有可能获得比单纯储蓄更高的回报。

进一步地，假设一个资金有限的人选择通过寻找一份平稳的工作来慢慢积累财富。这种做法虽然在某种程度上提供了稳定的收入来源和生活保障，但从长远来看，却可能使人陷入持续的贫困状态。原因在于，平稳的工作往往意味着有限的收入增长空间和固定的薪资结构。在这样的环境下，个人的收入很难实现大幅度的提升，更难以应对通货膨胀和生活成本上升带来的压力。

更重要的是，平稳的工作往往缺乏激励个人成长和创新的机制。在这样的职位上，个体可能更多地处于被动执行的角色，而非主动创造和增值的位置。这不仅限制了个人职业技能的提升，也减少了通过创新或额外努力获得更高回报的可能性。

同时，平稳的工作往往缺乏挑战性和创新性，容易让人陷入舒适区，失去进取的动力。我们可能会满足于现状，不愿意尝试新的事物或挑战自己。这样一来，我们的职业发展空间就会受到限制，收入也难以有大幅度的提升。

而且，平稳的工作往往伴随着较高的风险。一旦经济形势发生变化或行业出现危机，我们的工作可能会受到影响，甚至失去收入来源。

在这种情况下，我们的财富积累计划就会被打乱，重新陷入贫困状态。因此，即便个体能够在平稳的工作中积累一定的财富，这种积累的速度和规模也往往难以支撑其实现财富自由的目标。

要在资金有限的情况下摆脱贫困线，实现财富自由，我们需要采取一种更为积极和冒险的策略。但这并不意味着，我们要盲目地投身于高风险的投资或创业活动，而是要有意识地寻求那些能够带来更高回报潜力的机会，并愿意为此付出更多的努力和时间。

具体而言，这可能包括投资自己的教育和技能提升，以便在未来的职业市场中获得更有竞争力的位置；也可能涉及探索创业或自由职业的可能性，以利用个人的独特才能和兴趣创造更多的价值。无论选择哪条路径，关键在

● 翻身

于不满足于现状，愿意承担一定的风险，并持续寻求成长和创新的机会。

更重要的是，个体需要学会在不确定性和风险中寻找机遇。这要求一种积极的心态和对失败的包容。在追求财富自由的过程中，遭遇挫折和失败是在所难免的。但正是这些经历，为个体提供了学习和成长的机会，也为其未来更大的成功奠定了基础。

## 经验，也是折腾出来的

在一个人通往成功的大路上，经验被赋予了极高的价值。然而，经验并非天生具备，也不是书本上的教条所能完全赋予的。它更多的是在不断的折腾中积累起来的。

折腾与经验之间存在着一种辩证的关系。一方面，折腾是获取经验的必要途径。没有折腾，就没有实践的机会，也就无法积累起真正的经验。折腾为我们提供了试错的平台，使我们能够在实践中发现问题、解决问题，从而不断积累经验，提升自我。

另一方面，经验又指导着我们的折腾。在折腾的过程中，我们会不断总结经验教训，形成一套行之有效的方法论。这套方法论又会在我们下一次的折腾中发挥指导作用，帮助我们更加高效地探索未知，避免重蹈覆辙。

因此，折腾与经验是相辅相成的。折腾是经验的源泉，而经验则是折腾的智慧结晶。只有不断地折腾，才能不断地积累经验；只有不断地积累经验，才能更加明智地折腾。

## 第十章 折腾，逆风翻盘的唯一路径

同时，折腾不仅能够让我们获得直接的经验，还能够培养人们的适应能力和创新能力。在不断折腾的过程中，我们会接触到不同的环境、人和事物，这需要我们不断地调整自己的思维方式和行为方式，以适应新的情况。这种适应能力的培养对于我们在复杂多变的经济环境中生存和发展至关重要。

另外，折腾也能够激发我们的创新能力。当面临新的问题和挑战时，我们需要寻找新的解决方案，这就需要发挥创新思维，尝试新的方法和途径。在这个过程中，我们会不断地创造出新的经验和价值。

当然，折腾并非盲目地乱撞，而是一种有目的的、有计划的尝试与调整。它要求我们在明确目标的基础上，不畏艰难，不惧失败，通过不断的实践来逼近成功的彼岸。正如一位经验丰富的企业家所言："不折腾，就不知道什么是对的；不折腾，就不知道什么是错的。"

然而，有时候，折腾可能会以失败告终，甚至可能带来严重的损失。因此，如何有效地从折腾中汲取经验，就显得尤为重要。

首先，我们要敢于面对失败。在折腾的过程中，失败是难免的。但失败并不可怕，可怕的是失去再试一次的勇气。我们要敢于承认失败，敢于分析失败的原因，从中汲取教训。

其次，我们要善于总结与反思。每一次折腾之后，无论成功还是失败，我们都应该进行深入的总结与反思。要思考哪些做法是有效的，哪些做法是无效的；哪些决策是明智的，哪些决策是草率的。通过这样的总结与反思，我们可以将折腾中的感性认识上升为理性认识，形成更加系统的经验体系。

最后，我们要将经验转化为行动。经验不是用来炫耀的资本，而是用来指导实践的宝贵财富。我们要将折腾中积累的经验应用到实际工作中去，用经验来指导决策与行动。只有这样，经验才能真正发挥其价值，成为我们成长的助力。

○ 翻身

# 成功人士，都是爱折腾的人

　　在人生的长河中，人们不难发现，那些留下深刻印记、成就非凡事业的人，往往都是那些不甘平庸、勇于折腾的人。他们像是天生的探险家，不满足于现状，总是在不断地探索、尝试和挑战自我。正是这种折腾的精神，让他们在人生的道路上越走越远，最终成为了人们所敬仰的成功人士。

　　马斯克，这位现代的科技巨擘，就是这样一个典型的例子。他的人生轨迹充满了折腾的色彩，从互联网到电动汽车，再到太空探索，他的每一次转身都充满了挑战和不确定性。然而，正是这种对未知的渴望和对折腾的热爱，让他在每一个领域都取得了令人瞩目的成就。

　　马斯克的折腾之路始于他的创业生涯。在互联网泡沫破裂之前，他就已经敏锐地察觉到了市场的变化，果断地转身投入到了电动汽车的研发中。这是一个完全陌生的领域，但他却凭借着对科技的热爱和对未来的憧憬，带领团队一步步攻克了技术难关，最终推出了特斯拉（Tesla）这款颠覆性的电动汽车。这不仅改变了人们对汽车的认知，也引领了整个汽车行业向更加环保、智能的方向发展。

　　然而，马斯克的折腾并没有就此停止。在电动汽车领域取得初步成功后，他又将目光投向了更加遥远的太空。他创立了太空探索技术公司（SpaceX），致力于实现人类的太空旅行和火星移民计划。这是一个更加充

## 第十章 折腾，逆风翻盘的唯一路径

满挑战和不确定性的领域，但他却毫不畏惧，带领着团队一次次地突破技术瓶颈，最终实现了火箭的回收和重复使用，大大降低了太空探索的成本。他的折腾精神不仅让他自己在太空领域取得了显著的成就，也激发了整个人类对太空探索的热情和信心。

那么，为什么成功人士都喜欢折腾呢？这其实是一个值得深思的问题。在我看来，折腾精神之所以成为成功人士的共同特征，主要有以下几个方面的原因：

首先，折腾精神是一种对现状的不满和追求更好的态度。成功人士往往都是那些不满足于现状、勇于挑战自我的人。他们深知，只有不断地折腾、不断地尝试新事物，才能打破现有的局限和束缚，实现更大的突破和进步。这种对现状的不满和追求更好的态度，让他们始终保持着前进的动力和创新的活力。

其次，折腾精神是一种勇于探索和尝试的精神。在人生的道路上，人们总会遇到各种各样的未知和挑战。而那些成功人士，正是那些勇于探索未知、敢于尝试新事物的人。他们不怕失败、不怕困难，总是保持着一种积极向上的心态和勇往直前的决心。

再次，折腾精神是一种不断学习和成长的态度。成功人士深知，只有不断地学习和成长，才能跟上时代的步伐、适应社会的变化。因此，他们总是保持着一种谦虚、好学的心态，不断地汲取新的知识、掌握新的技能。

最后，折腾精神是一种敢于挑战自我和突破自我的勇气。成功人士往往都是那些敢于挑战自我、突破自我的人。他们不怕困难、不怕挫折，总是保持着一种坚韧不拔的毅力和决心。这种敢于挑战自我和突破自我的勇气，让他们能够在人生的道路上不断超越自我、实现更大的成就。

成功人士之所以喜欢折腾，是因为折腾精神是他们取得成功的关键因素之一。那么我们就应该学会折腾、敢于折腾、善于折腾。因为只有这样，我们才能在人生的道路上不断前行、不断超越、最终实现自己的辉煌人生。

◐ 翻身

## 不想躺平，就要折腾

在人生的长河中，每个人都面临着不同的选择和道路。有的人选择安逸，选择躺平，而有的人则选择奋斗，选择折腾。

躺平看似是一种轻松的选择，但实际上却隐藏着巨大的危害。

首先，当选择躺平时，我们就会满足于现状，不再追求进步。我们会变得懒惰、消极，对生活失去热情。这样的状态会让我们逐渐失去竞争力，在社会的竞争中被淘汰。

其次，人生充满了机遇和挑战，只有不断地折腾，才能抓住这些机会。如果我们选择躺平，那么就会错过很多发展的机会，让自己的人生变得平淡无奇。

最后，人生的意义在于不断地追求和奋斗，在于为自己的梦想而努力。如果选择躺平，那么我们就会失去人生的目标和方向，让自己的生活变得毫无意义。

有这样一个人，他曾经是一个躺平的人。他大学毕业后，找到了一份稳定的工作，收入虽然不高，但也足够他生活。他每天按部就班地工作，下班后就回家看电视、玩游戏，过着平淡无奇的生活。他觉得这样的生活很安逸，没有什么压力，也没有什么追求。

然而，随着时间的推移，他开始感到厌倦和空虚。他觉得自己的生活没

## 第十章 折腾，逆风翻盘的唯一路径

有意义，每天都在重复着同样的事情，没有任何进步和成长。他开始思考自己的人生，他不想就这样一直躺平下去，他想要改变自己的生活。

于是，他决定折腾一下。他辞去了稳定的工作，开始创业。他知道创业充满了风险和挑战，但他并不害怕。他相信只要自己努力，就一定能够成功。他开始学习各种创业知识，寻找创业项目。

经过一段时间的努力，他终于找到了一个适合自己的项目。他投入了所有的积蓄，开始了自己的创业之路。创业的过程充满了艰辛和困难，但他并没有放弃。他不断地学习和改进，努力克服各种问题。经过几年的努力，他的公司终于走上了正轨，他也实现了自己的人生价值。

这个人的故事告诉人们，躺平并不可取，只有折腾才能让人们的生活变得更加精彩。那么，折腾为何能激发人产生积极向上的态度呢？

首先，当选择折腾时，我们就会面临各种挑战和机遇。这些挑战和机遇会让我们感到兴奋和激动，激发我们的斗志和创造力。我们会不断地努力，去克服各种困难，抓住各种机遇，实现自己的人生目标。

其次，当选择折腾时，我们就会接触到各种新的知识和技能。这些知识和技能会让我们不断地学习和成长，提升自己的能力和素质。我们会变得更加自信和坚强，对生活充满了信心和希望。

总之，折腾是一种积极向上的生活态度，它让我们敢于挑战自我，敢于突破舒适区，去追求更高的目标和更好的生活。

○ 翻身

## 负债，折腾是你唯一的出路

在当今社会，负债已经成为许多人生活中的一大负担。无论是由于创业失败、投资失误，还是生活开销过大，负债都像一座大山，压得人喘不过气来。面对负债，有人选择逃避，但更多的人在寻找出路。而折腾，正是消除负债的一条可行之路。

折腾，意味着不安于现状，勇于尝试和改变。对于负债累累的人来说，折腾不仅仅是一种生活态度，更是一种必要的自救行为。因为只有通过折腾，才能打破现有的困境，找到新的出路，最终实现负债的消除。

首先，负债往往给人带来巨大的心理压力，让人感到无助和绝望。然而，折腾却能够让人重新找回生活的动力和信心。通过不断地尝试和努力，人们会发现，即使身处困境，也依然有可能改变现状，走出负债的阴影。这种积极的心态，是消除负债的重要前提。

其次，负债往往限制了人们的选择和行动，让人感到束手无策。但是，折腾却能够打破这种限制，让人们看到更多的希望和可能。通过折腾，我们可以尝试不同的职业、投资领域或者创业项目，寻找更适合自己的发展道路。而这些尝试和探索，往往能够带来意想不到的机会和收获，为消除负债提供更多的可能性。

再者，负债往往让人陷入困境，但同时也是一个锻炼和提升自己的好机

## 第十章　折腾，逆风翻盘的唯一路径

会。通过折腾，我们可以不断地学习和实践，提升自己的专业技能和综合素质。这些能力和技能的提升，不仅有助于我们更好地应对负债带来的挑战，还能够为未来的职业发展打下坚实的基础。

小张是一个普通的上班族，由于一次投资失败，他背上了几十万元的负债。面对这笔巨额负债，小张并没有选择逃避或者躺平。他开始折腾自己的生活，尝试各种可能的方法来消除负债。

他首先分析了自己的财务状况和负债结构，制订了一个详细的还款计划。然后，他开始寻找额外的收入来源。他利用业余时间兼职做家教、打零工，甚至尝试了一些小型的投资项目。虽然这些尝试并没有立刻带来显著的收益，但小张并没有放弃。他不断地学习和实践，逐渐积累了一些经验和技能。

经过几年的折腾和努力，小张终于成功地消除了负债。他不仅还清了所有的欠款，还积累了一定的储蓄和投资。更重要的是，他通过这个过程锻炼了自己，提升了自己的综合素质和竞争力。

当然，折腾并不是一件容易的事情。它需要人们付出更多的努力和汗水，甚至需要承担一定的风险和失败，甚至可能会陷入更深的困境。

所以，在折腾的过程中，我们也需要保持理性和冷静，不能盲目地跟风或者冲动地做出决策，而需要对自己的能力和资源有一个清晰的认识，制订合理的计划和目标。在行动之前，要充分考虑各种风险和可能性，做好充分的准备。只有这样，我们才能在折腾的过程中最大限度地降低风险，提高成功的概率。

此外，摆脱负债不是一蹴而就的事情，它需要我们付出长期的努力和坚持。在这个过程中，只要我们不能轻易放弃，就最终一定能实现消除负债的目标。

○ 翻身

## 折腾，财富增长的加速器

在当下这个瞬息万变的时代，如何让自己的财富增值，成为许多人关注的焦点。而"折腾"，这个看似平凡却又充满智慧的词汇，正是实现财富增值的关键。

从经济学的角度来看，财富的增长往往源于资源的合理配置和有效利用。当人们把资金闲置在银行账户里，虽然看似安全，但实际上却在不断地被通货膨胀侵蚀。而折腾则是一种主动出击的方式，通过将资金投入到不同的领域和项目中，实现资源的优化配置，提高资金的回报率。

首先，折腾可以帮助人们发现新的投资机会。在当今快速发展的经济环境中，新的行业、新的技术不断涌现，为人们提供了丰富的投资选择。然而，这些机会往往隐藏在不确定性和风险之中，需要人们有勇气去折腾、去探索。

例如，在互联网兴起的初期，很多人对电商、社交媒体等新兴领域持怀疑态度，但那些敢于折腾的投资者却看到了其中的巨大潜力，果断地投入资金，最终获得了丰厚的回报。而通过不断地折腾，人们可以拓宽自己的视野，敏锐地捕捉到这些潜在的投资机会，为财富的增长打下坚实的基础。

其次，理财并非一蹴而就的事情，它需要人们不断地学习和实践。在折腾的过程中，人们会遇到各种各样的投资项目和理财策略，需要人们去分

## 第十章 折腾，逆风翻盘的唯一路径

析、比较、评估。人们会学习如何进行财务规划、如何选择投资产品、如何控制风险等。这些经验和知识的积累，将使人们在未来的理财决策中更加明智和自信。

例如，一个刚开始投资股票的人，可能会因为缺乏经验而盲目跟风，导致亏损。但通过不断地折腾和学习，他会逐渐掌握股票投资的技巧和规律，学会分析公司的基本面和市场趋势，从而提高投资的成功率。

再者，在现代经济中，创新和创业是推动财富增长的重要动力。通过折腾，人们可以尝试新的商业模式、开发新的产品或服务，为社会创造价值的同时，也为自己带来丰厚的经济回报。例如，一些创业者在传统行业中不断折腾，引入互联网思维和技术，创造出了全新的商业模式，如共享经济、在线教育等。这些创新不仅改变了人们的生活方式，也为创业者带来了巨大的财富。

在现实生活中，有很多人通过折腾实现了财富的增长。他们有的通过投资房地产、股票等资产实现了资产的增值；有的通过创业创新，打造了自己的商业王国；有的通过不断地学习和提升自己的理财能力，实现了财务自由。他们的故事告诉人们，折腾是一种积极向上的生活态度，是让钱生钱的有效途径。

有一位年轻人，他在大学毕业后没有选择安稳地工作，而是决定折腾一番。他利用自己的专业知识和互联网技术，创办了一家小型的电商公司。在创业的过程中，他遇到了很多困难和挑战，如资金短缺、市场竞争激烈、技术难题等。但他没有放弃，而是不断地折腾和创新。他通过优化产品和服务、拓展市场渠道、提高运营效率等方式，逐渐使公司走上了正轨。经过几年的努力，他的公司发展壮大，成为了行业内的知名企业，他也实现了财富的快速增长。

然而，折腾并非毫无风险，折腾也不是盲目的冒险或者投机取巧。它是

## ◐ 翻身

一种理性的、有计划的、持续的努力过程。折腾的人明白,要想让钱生钱,就必须付出时间和精力去研究市场、分析风险、寻找机会。他们知道,没有一劳永逸的理财方法,只有不断地折腾和尝试,才能找到最适合自己的财富增值之路。